4 • **Une histoire du ski**
Le ski nordique, avant d'être un sport et un loisir, questionnait la survie de l'homme. De la Préhistoire à aujourd'hui, la discipline s'est métamorphosée au fil des siècles.

12 • **Le cœur des hommes**
C'est porté par ses pratiquants, parfois une petite poignée d'hommes et de femmes, que le ski nordique français s'est forgé un destin et a écrit son histoire.

26 • **La marche des Olympiques**
Des premiers Jeux olympiques d'hiver à Chamonix en 1924 à ceux de Grenoble en 1968 et Albertville en 1992, l'Olympisme a accompagné le développement du ski nordique en France.

34 • **Au bonheur des dames**
En biathlon, les femmes n'ont intégré les JO qu'en 1992. Le saut à skis féminin aura attendu 2014. Une intégration tardive pour un sport qui a toujours valorisé sa mixité.

42 • **Fashionista**
Du pantalon aux collants. Du ski classique au pas de patineur. Au fil des années, influencé parfois par les modes, le ski nordique a évolué, le profil de ses pratiquants aussi.

52 • **Ultra-fondus**
Les épreuves de longue distance sont un lieu de rencontre où l'élite côtoie la masse et ce, sans distinction.

62 • **Dessine-moi un pas de tir**
L'histoire des pas de tir et de l'intégration des stades de biathlon en France est récente. Comment ceux-ci ont-ils été imaginés et créés ?

70 • **Le rêve d'Icare**
L'homme a toujours rêvé voler. Le saut à skis est un pont entre ce vœu intime et la réalité. Sur les traces de ces hommes volant.

76 • **La France du nordique**
Plurielles, sauvages, contrastées. C'est toute la force et la beauté des territoires français où pratiquer le ski nordique.

114 • **Terres sauvages**
Le ski de randonnée nordique était la première glisse. S'il a évolué, il est resté un outil d'itinérance pour défricher les grands espaces. Découverte des grandes traversées.

122 • **Sur les bancs de l'école**
Histoire et développement des foyers de ski de fond en France. Avec le témoignage de Maurice Manificat qui a découvert le ski de fond grâce à l'école.

130 • **Sous le signe du pluralisme**
Le ski nordique est intimement lié à la glisse, mais pas toujours avec des skis aux pieds.

134 • **Liberté, partage & contemplation**
Trois mots, trois valeurs cardinales d'une pratique racontée et interrogée sur le terrain : le micro-piste.

142 • **À la verticale de l'été**
Du ski-roues au biathlon en passant par le saut, un regard différent sur ces disciplines qui se pratiquent hiver et été.

146 • **Les acteurs du quotidien**
Ils sont moniteurs, dameurs, chefs d'exploitation… Ils sont les acteurs et actrices du quotidien, ceux sans qui l'expérience nordique n'existerait probablement pas.

160 • **D'un monde à l'autre**
Champion olympique de ski alpin, Franck Piccard est devenu un mordu de ski de fond. Il raconte.

166 • **& demain ?**
Petite extrapolation sur ce que peut être le ski nordique à l'aune du changement climatique.

Traces nordiques

Transmettre et partager. N'est-ce pas le sens d'un livre? Transmettre des connaissances, une passion, une culture, des valeurs. Partager des mots, des belles photos, des instants de vie. Partager un livre, se l'approprier, le transmettre à son conjoint, un ami, un proche, ses enfants...

Originaires des massifs montagneux ou d'horizons divers, nous sommes des millions à pratiquer le ski de fond ou des activités de montagne sur ou en dehors des domaines nordiques. Nous sommes des millions à nous passionner pour les exploits des athlètes en France et à travers le monde. Les occasions sont rares, mais précieuses, de se retrouver autour d'une « maison commune ». Nous aspirons, en toute humilité, à ce que *Traces nordiques* soit ce lien entre nous.

La vocation de cet ouvrage est également d'établir un pont entre les époques. Exposer les traces du passé pour comprendre l'organisation du nordique en France, l'aménagement du territoire et des domaines d'activités de montagne, la réussite dans les différentes disciplines du ski nordique. Contempler les traces du présent, tant par l'effort du sportif, que par la balade familiale. Sur une piste parfaitement damée, entre les rails, ou entre les sapins, prendre le temps de vivre une expérience en montagne, à l'heure où tout est chronométré. Enfin, laisser des traces, un héritage pour les générations futures. Car oui, la neige possède et conservera son caractère magique et attractif. Le plaisir de la glisse, celui d'entendre le bruissement des pas sur un tapis blanc, manger quelques flocons, jeter des boules de neige. Nous gardons tous notre âme d'enfant lorsque vient le moment où la montagne revêt son costume d'hiver, quand chaque année l'attente se fait vive pour ressortir les spatules.

Aujourd'hui, la palette des couleurs hivernales est plus panachée. Le vert, le marron et le gris s'invitent régulièrement entre décembre et mars. La limite pluie-neige remonte. Nous devons être lucides et objectifs face au dérèglement climatique. Il impacte notoirement les activités sur neige. Il pousse les socioprofessionnels, les acteurs du quotidien, les collectivités à opter pour une stratégie de diversification des activités, sur neige, ou pas. Mais il nous reste encore de belles pages à écrire, de belles lignes à tracer. À nous d'en profiter. Continuons à nous évader, à découvrir, à contempler. Différemment, mais toujours au cœur de ces montagnes et de cette nature que nous devons respecter et préserver.

Léo Guilbert
Directeur de Nordic France

①

Une histoire du ski

Une image.

↑ Dans la mythologie nordique, les poètes scandinaves chantaient Ull, dieu du ski.

La toute première.

Bien avant les premiers Jeux olympiques d'hiver à Chamonix en 1924. Au-delà de ce temps que chacun imagine sans pouvoir affirmer que c'est un souvenir.

Une époque que seuls des vestiges de plusieurs milliers d'années permettent de retracer.
Qui a inventé le ski ? Qui étaient les premiers skieurs ? Qui fut le premier fondeur ou le premier biathlète ? Était-il suédois ou norvégien ?
Il n'y a pas une mais des réponses. Les années nous ont appris que la plupart d'entre elles n'avaient jamais réellement fait consensus.
Une chose demeure pourtant : le ski appartient à l'Histoire de l'Homme. Le ski nordique en est même, probablement, la plus intime émanation.
Deux planches en bois fixées aux pieds pour se déplacer sur la neige et un bâton pour se propulser. C'était l'idée originelle. Elle a grandi en même temps que l'Homme a aspiré à défricher l'inconnu.

Interpréter le ski nordique, tel qu'on le connaît ou pratique aujourd'hui, et le raconter nécessite d'abord de remonter le fil du temps et de retrouver cette première trace dessinée dans la neige et dans laquelle des générations de skieurs se sont appliquées depuis à glisser. Il existe une forme d'universalité dans la sensation de glisser, dans l'émotion et l'intensité procurées par l'effort qui accompagne cette simple ambition d'aller plus vite et plus loin que les autres ou simplement pour soi. En parler et la partager implique que l'Homme a probablement toujours skié. C'était utile. C'était vital. C'était un plaisir aussi parce que le ski, avant d'être un outil, est une manière de regarder et d'appréhender le monde autrement.

Les premiers signes de l'existence du ski ramènent à des milliers d'années en arrière. Sa naissance se situerait dans l'Altaï, en bordure de la Sibérie et de la Mongolie. C'est là, sur ces terres où l'horizon se confond avec le ciel, que des chercheurs ont découvert à la surface de la roche des peintures rupestres, qui témoignent de son utilisation. Les plus célèbres découvertes dans la province du Xinjiang au nord-ouest de la Chine, datant de 10 000 à 12 000 ans av. J.-C., évoquent sept hommes skiant en file indienne. Les premières courbes d'une aventure au long cours. L'Homme a inventé le ski pour apprivoiser l'élément neige. S'il n'existe aucun repère étymologique sur l'origine de l'appellation « ski nordique », celui-ci semble apparaître au fil des siècles comme l'expression la plus naturelle de la discipline et le point de convergence de toutes les intentions parce que skier signifiait d'abord pouvoir se déplacer rapidement d'un point à un autre en limitant les contraintes et survivre en chassant ou en cultivant. Les écrits enracinent l'Homme dans cet art de vivre. Ils sont le miroir d'une pratique qui, au fil des siècles, n'a cessé d'évoluer en fonction des usages et des styles.

Skadi, la déesse →
du ski et de la chasse.

Dans la mythologie nordique, les poèmes épiques, chantés par les poètes scandinaves, réfèrent à un dieu du ski, Ull, et à une déesse du ski et de la chasse, Skadi. Elle apparaît parfois représentée à skis avec son arc et ses flèches. Un conte évoque le sacrifice de Thorri, roi de Gotlandi, Koenlandi et Finnlandi, « pour s'assurer que la neige tombe et que c'est bon pour le ski ».

Dans un recueil de gravures datant du XVIe siècle d'Olaus Magnus, évêque et géographe suédois, on devine des individus munis d'un bâton et chaussés de skis, ceux-ci étant représentés en forme de demi-lune. En 1674, le Strasbourgeois Johannes Scheffer, dans *Lapponia, une histoire de la Laponie*, évoque des hommes sur des skis. À travers des illustrations, il décrit le chasseur chaussé de larges skis, les pieds retenus par des lanières.

L'Islandais Snorri Sturluson (1179-1241) détaille dans ses sagas des rois norvégiens que le ski était alors un moyen de déplacement au cœur des territoires recouverts de neige. C'est aussi à cette époque que les récits révèlent une utilisation du ski dans l'art de faire la guerre.

En 1206, en Norvège, une guerre civile oppose alors deux clans, les Birkebeiner et les Bagler. Craignant pour la vie de son fils, Inga de Varteig confia l'héritier du roi Haakon à deux skieurs du Birkebeiner. Par un jour de tempête, ils menèrent l'enfant de dix-huit mois de Gudbrandsdal à l'Østerdal et le sauvèrent. En 1932, pour commémorer cet acte de bravoure, la Birkebeinerrennet, la « course des Birkebeiner » en norvégien, une épreuve de 54 kilomètres en style classique entre Rena et Lillehammer, était imaginée. Pour coller parfaitement à l'histoire, les participants sont depuis la première édition dans l'obligation d'effectuer le parcours qu'auraient emprunté les deux hommes, avec un sac à dos lesté de trois kilos et demi minimum pour simuler le poids du jeune prince.

À cette aventure se juxtapose, trois cents ans plus tard, le récit de la campagne victorieuse pour l'indépendance de la Suède menée en 1521 par Gustave Ier Vasa, futur roi de Suède. L'histoire raconte que, partis à la poursuite de ce dernier, en fuite vers la Norvège, pour requérir son aide dans le but de chasser les Danois, les habitants de la Dalécarlie, ancienne province suédoise, le rejoignirent à Sälen. Avec lui, ils gagnèrent Mora où ils obtinrent la victoire. En mémoire de cet acte fondateur, tous les ans depuis 1922, se déroule le premier dimanche de mars entre Mora et Sälen, la Vasaloppet, une épreuve de longue distance en style classique sur quatre-vingt-dix kilomètres. Elle est la course de ski de fond la plus réputée et populaire au monde ; elle se tient à l'endroit même de la poursuite originale et en suit l'itinéraire.

↑ La *Birkebeinerrennet* célèbre le sauvetage de l'héritier du roi Haakon en 1206 par deux skieurs du Birkebeiner.

← Des dessins, datés de 1565, illustrent l'utilisation de skis par les Lapons et les Finlandais dans les activités quotidiennes (chasse, déplacement...).

Le ski nordique raccroche l'individu à ses racines et à son identité profonde. Il témoigne des époques, des cultures, d'un monde en constante gestation et de la place de l'Homme dans ce mouvement perpétuel. Chaque saga est l'expression d'une nouvelle forme d'autonomie et de modernité. Entre le milieu du XIXe siècle et le tout début du XXe siècle, la pratique se généralise. Le ski nordique nourrit les germes du ski moderne et se popularise grâce à l'éventail des possibilités qu'il offre aux pratiquants.

Dans le comté de Telemark, au sud-est de la Norvège, Sondre Norheim, fils d'un artisan-paysan, développe des skis dans son atelier. Il les épure par leur hauteur et leur largeur, sculpte la semelle en bois en traçant une rainure en son milieu. En 1850, il invente un système de fixation qu'il partage avec ses compagnons de glisse. Ensemble, ils mettent au point une nouvelle technique qui implique un virage par génuflexion : le télémark est né. Le 9 février 1868, sur une des collines de Christiania, qui domine la capitale norvégienne, se déroule le premier concours national. Au cours des différentes épreuves, où l'on saute et skie, Sondre Norheim sort du lot. L'admiration populaire se fait l'oratrice de sa légende. À la même époque, à Grenoble, en 1878, Henry Duhamel expérimente des skis suédois acquis à l'Exposition universelle de Paris.

En Norvège, les compétitions se multiplient. En 1879, devant dix mille spectateurs et le roi de Norvège, Torjus Hemmestveit, fils du cordonnier de Telemark, dompte le tremplin de Iverslokken, sur la colline de Huesby. Dans le souffle d'une foule ébahie, son bond à 23 mètres devient le premier record du monde officiellement reconnu et homologué.

À la fin du XIXe siècle, Sondre ↑ Norheim (en portrait) et Torjus ← Hemmestveit ont bousculé les codes.

En 1892, la compétition, qui se tient sur les hauteurs d'Oslo, devient le festival de ski d'Holmenkollen avec en point d'orgue le combiné nordique, une épreuve partagée entre saut et ski de fond. Neuf ans plus tard, une course de ski de fond distincte sera inscrite au programme.

L'Homme se nourrit des expériences. Skier plus vite et sauter plus loin pour voir indéniablement au-delà. Dans la période d'après-guerre, les skieurs sont à la fois fondeurs et sauteurs. C'est naturellement qu'ils se tournent vers le combiné nordique, qui est inscrit en 1924 à la Semaine internationale des sports d'hiver de Chamonix, rebaptisée Concours internationaux des sports d'hiver à l'occasion de la VIIIe Olympiade pour devenir plus tard premiers Jeux olympiques d'hiver.

← Aux JO 1924, à Chamonix, le ski de fond figure au programme avec le saut et le combiné.

Ski de fond, saut et combiné nordique figurent au programme de cette première Olympiade au pied du mont Blanc. Dans l'addition des épreuves, une nouvelle discipline se distingue. Elle porte le nom de « patrouille militaire » : une compétition disputée par équipe qui mêle ski de fond et tir avec un fusil. Elle prendra plus tard le nom de biathlon.

Liées d'abord à des pratiques de chasse ou des exercices militaires, les premières épreuves de biathlon sont datées du XVIIIe siècle. Des récits, il émane une pratique confuse. La première épreuve, qui peut être apparentée au biathlon moderne et hors d'un cadre strictement militaire, remonte à 1912. À Oslo, l'armée norvégienne organise la « Forvarsrennet », une course alliant ski de fond et tir, où les athlètes sont soumis à des pénalités de deux minutes sur l'épreuve de tir. Le biathlon est inscrit officiellement au programme olympique à Squaw Valley en 1960, deux ans après les premiers championnats du monde disputés à Saalfelden en Autriche.

Les Jeux olympiques ont structuré le ski nordique en lui donnant un cap. Le ski de fond, le saut spécial et le combiné nordique sont depuis 1924 sous l'égide de la Fédération internationale de ski (FIS), mise en place lors des premiers Jeux olympiques d'hiver de l'histoire disputés à Chamonix. Réunies sous l'étiquette « ski nordique », ces trois disciplines tiennent leurs championnats du monde toutes les années impaires. Le biathlon fait, en revanche, bande à part. Il appartient à la Fédération internationale de biathlon (IBU), qui organise à l'inverse de la FIS ses Mondiaux tous les hivers.

Structurants pour la compétition, les Jeux olympiques l'ont été également pour la discipline et ce dans son intégralité. Dans l'élan des premières éditions de ces derniers, une conscience nordique est apparue. Au lendemain de la Première Guerre mondiale, les sports d'hiver deviennent une activité touristique à part entière. Des villages ruraux se transforment et se destinent à l'exercice du ski. Le 13 novembre 1945, dans une France qui panse ses plaies, est créé le Syndicat national des moniteurs du ski français (SNMSF).

En 1968, les Jeux olympiques d'hiver de Grenoble sont un formidable vecteur de popularité. Les médias en sont les porteurs de flamme. Défini comme un nouveau style de vie, notamment dans son rapport contemplatif avec les grands espaces, le ski nordique est adopté par le plus grand nombre. Moins cher que le ski alpin, plus pratique et plus libre, il offre un idéal du sport loisir. L'émergence autour des années 1980 du pas de patineur, ou skating, accélère sa mue et sa démocratisation. Les premières épreuves de masse, dites longue distance, fleurissent alors en France à cette période.

Le ski nordique était à l'origine un outil de survie : chasser, cultiver, manger, faire la guerre autrement… Le XXe siècle a changé les règles. Plus qu'un mode de vie, ou de survie, le ski nordique est désormais inspirant. Pour les sportifs et les aventuriers au long cours. Pour vous et pour nous aussi. ●

Depuis 2013, la Coupe du monde → de biathlon au Grand-Bornand, inscrite régulièrement au calendrier, est une fête populaire qui réunit l'ensemble de la famille du ski nordique français.

DECATHLON
9
ANNECY
LE GRAND-BORNAND
DECATHLON
30
DECATHLON
29
DECATHLON
DECATHLON

En 2018, à PyeongChang en Corée →
du Sud, Adrien Backscheider (de face),
accompagné de Jean-Marc Gaillard,
Clément Parisse et Maurice Manificat
(de dos, de gauche à droite), remporte
la médaille de bronze olympique
du 4 x 10 km messieurs ski de fond.

Le cœur des hommes ②

Raconter l'histoire du ski nordique français est une aventure au long cours. C'est le propre de chaque saga, surtout quand celle-ci s'étale sur plus d'un siècle. Des réussites, des échecs, des espoirs ou des promesses...

L'excitation et l'emballement côtoient souvent la désillusion. Mais derrière la lecture brute de la performance se dégage au cœur du récit une forme de permanence. On peut parler d'une identité qui lierait les générations entre elles.

Le ski nordique en France s'est construit parce que des femmes et des hommes ont piétiné les complexes et se sont inventés le futur dont ils avaient rêvé. Les années n'ont pas éteint le souffle de cet élan. Les Bleus laissent aujourd'hui encore leur empreinte sur les neiges du monde.

↑ En 1924, à l'occasion des premiers Jeux olympiques d'hiver à Chamonix, figure au programme la patrouille nordique, une épreuve combinant ski de fond et tir. La France termine 3e.

Le sauteur vosgien Gilbert Poirot était porte-drapeau de la délégation française aux JO 1968 à Grenoble →

Chamonix, 1924. Du vent, du froid et le mont Blanc en toile de fond. Après quatre heures d'efforts et une minute arrachée à la République tchèque, quatre gars du Jura, André Vandelle, Georges Berthet, Paul et Gabriel Mandrillon, se hissent sur la troisième marche de la Patrouille Nordique, une épreuve combinant tir et ski de fond. C'est la première médaille olympique du sport français aux Jeux d'hiver.

Elle témoigne de l'existence d'une pratique et par prolongement d'une équipe de France, pas d'une popularité ou de l'accès à la discipline. À l'époque, le ski nordique en France est limité à ses massifs de moyenne montagne. Dans la période d'après-guerre, on se tourne vers le ski de fond, d'abord parce que c'est une glisse accessible. Le ski alpin, plus populaire et plus cher, est, lui, majoritairement cantonné aux seules vallées alpines où ont été construites les premières remontées mécaniques.

Les Vosges, le Jura, le Vercors ou l'Auvergne sont des massifs moins hauts et plus vallonnés et ruraux. Ils apparaissent très tôt comme des territoires idéalement taillés pour la pratique du ski de fond. Ces massifs constituent même les premiers fournisseurs des équipes de France. Dans le concert des grands événements, face à des Scandinaves dominateurs et imposants, les Bleus tentent, alors, avec leurs qualités, leurs moyens et leur savoir-faire, plus limité à l'époque, d'exprimer leurs valeurs.

À Oslo, en 1952, Benoît Carrara, Gérard Perrier, Jean Mermet et René Mandrillon prennent la 4e place du relais 4 x 10 km messieurs. Huit ans plus tard, à Squaw Valley, aux États-Unis, le biathlon est devenu une discipline olympique. Robert Galezot et l'administration des douanes décident alors de monter une équipe de France. Victor Arbez, René et Gérard Mercier, ainsi que Paul Romand sont fondeurs. Ils seront biathlètes. Une discipline qu'ils découvrent le jour de la course olympique.

Des petits détails, des expériences éparses, pas toujours construites peut-être, mais qui traduisent à chaque fois l'envie et une profonde passion pour la discipline. Dans chaque pas en avant, dans chaque projet initié et porté, cette volonté intime de donner le meilleur de soi-même et d'avancer.

La bascule intervient le 24 janvier 1964 quand Grenoble obtient l'organisation des Jeux olympiques de 1968. Ces instants qu'on pensait uniquement appartenir à ceux qui réussissent deviennent réels. Cette annonce, et tout ce qui suivra, est un déclencheur pour le développement et la structuration du ski nordique en France, comme le seront en 1992 les Jeux d'Albertville.

Le temps des pionniers

Le 6 février 1968, Gilbert Poirot est le premier athlète de la délégation française à entrer dans le stade de la cérémonie d'ouverture des Jeux olympiques

de Grenoble. Originaire de la Besse, le Vosgien de 24 ans a été désigné porte-drapeau. Il fait du saut spécial. On ne parle pas à l'époque de médailles olympiques ou mondiales pour une discipline méconnue en France et pour laquelle un Top 10 relève de l'exploit. Dans un raccourci, il semble même revenir de loin. Au début des années 1960, l'équipe nationale a été supprimée. C'est la seule proximité des Jeux qui a permis de rebâtir un collectif. « On nous considérait jusque-là comme des fêtards et des imbéciles, détailla en 1998 dans le journal *Libération* Gilbert Poirot, 10e des deux concours olympiques disputés sur les tremplins de Saint-Nizier et Autrans sur le plateau du Vercors. On a bossé comme des malades et on a remonté la discipline. »

En saut, tout est à construire. En ski de fond, il faudra, à l'inverse, tout reconstruire. De 1968, l'histoire a retenu le nom de l'Italien Franco Nones, premier fondeur de l'Ouest à briser l'hégémonie scandinave. Elle a oublié ceux de Félix Mathieu, Victor Arbez, Philippe Baradel et Roger Pires. Ils formaient le carré tricolore sur le 4 x 10 km messieurs. Onzièmes de l'épreuve, en difficulté individuellement, à peine le rideau tiré sur les JO, la fédération fait le choix d'« une mise à la retraite anticipée » d'une partie de ses hommes pour reconstruire une équipe de France avec de jeunes coureurs. Jean-Paul Pierrat fait partie de cette génération post-1968. Il est encore junior quand il intègre les collectifs nationaux. Il a des ambitions mais pas de points fixes à l'horizon. « Au début des années 1970, on est arrivés comme des novices sans avoir de grands frères, se souvient le Vosgien dans le documentaire *L'histoire du ski nordique français*, produit par L'AISF, Association des internationaux du ski français. Pendant longtemps, ça a été un handicap. »

← Par leurs performances, Yvon Mougel (à gauche), en biathlon, et Jean-Paul Pierrat, en ski de fond, ont été des figures inspirantes du ski nordique français.

Il y a un manque de repères, mais aussi de moyens. Une fois encore, chacun pointe l'absence d'un véritable savoir-faire. Pour combler le vide, la fédération se tourne vers l'étranger. Pour accompagner ses jeunes athlètes, elle fait appel à des entraîneurs norvégiens et suédois. « Que ce soit sur l'entraînement ou la diététique, on partait de loin, affirme Pierrat. On était même dans la chasse au bon matériel. Les fabricants étaient pour l'essentiel scandinaves. Le marché était étroit et fermé. Alors, obtenir de bons skis était dur. Un de nos sports favoris était d'acheter des skis d'occasion à des seniors qui étaient norvégiens ou suédois. C'était bien la débrouille. »

Dans l'élan des Jeux olympiques de 1968, le ski de fond se structure dans les massifs. Des pistes plus larges, mieux préparées. Une prise de conscience collective et un sport devenu à la mode avec le développement des foyers de ski de fond français. Le tourisme bénéficie de ce *boom*, les athlètes de cette exposition. Le 24 février 1978, Jean-Paul Pierrat décroche la médaille de bronze sur le 50 km classique des championnats du monde de Lahti en Finlande. La première médaille mondiale de l'histoire du ski de fond français. Dix jours plus tard, le 5 mars, il remporte en solitaire la Vasaloppet, la plus populaire et relevée des épreuves de longue distance en ski de fond au monde. Les barrières tombent.

Il n'est qu'une individualité, mais c'est aussi parce que Jacques Gaillard était seul qu'il a imaginé un futur pour sa discipline, le combiné nordique. Ouvreur sur les épreuves de saut et de combiné sur les tremplins olympiques d'Autrans dans le Vercors en 1968, le Dauphinois participe en 1972 aux Jeux olympiques de Sapporo (Japon) aux épreuves de saut (51ᵉ) et combiné (35ᵉ) puis en 1976 à Innsbruck en Autriche au combiné nordique (25ᵉ). « Je n'avais pas l'impression qu'être devant, c'était pour moi, retrace-t-il. Quand j'en avais l'occasion, je m'entraînais en ski de fond avec les fondeurs. Sinon, j'étais souvent seul. À la fin de ma carrière, je me suis rendu compte que c'était impossible de réussir dans ce cadre-là. » Devenu entraîneur au sein du Comité Dauphiné, il est persuadé que la France possède le réservoir de coureurs et les capacités pour « aller taper en haut », esquisse-t-il.

Mais comment et dans quel cadre ? À l'amorce des années 1980, dans un entre-deux un peu flou, la Fédération française de ski charge les cadres techniques de chaque région de bâtir un programme global pour atteindre l'excellence en combiné nordique et en saut. Les jeunes sont alors regroupés par discipline. L'idée est claire : le collectif doit faire émerger des individualités. La deuxième place de Bernard Moullier sur l'individuel de la Coupe du monde de saut de Thunder Bay au Canada (1980) sert à l'époque de point cardinal. « Quand on débarquait en Coupe du monde, on était impressionné mais on tentait notre chance, retient le Chamoniard. Mon podium a apporté à d'autres jeunes derrière… » L'attribution le 16 octobre 1986 des Jeux olympiques d'hiver de 1992 à la France et à Albertville vient compléter le puzzle. Le mouvement de structuration s'accélère. « Nous avons inventé et beaucoup travaillé, détaille Gaillard. Mais ce qui a permis de tenir, c'est la carotte des JO de 1992. » Cet horizon olympique a également été moteur pour le biathlon. La réussite du biathlon français, telle qu'elle est reconnue depuis les années 2000, n'était pas une évidence à l'époque. Sauf peut-être pour un homme, David Moretti. Comme Jacques Gaillard, il a grandi à Autrans dans l'effervescence des JO de 1968. Et lui aussi, face à une page blanche, va inventer sa méthode. « Un peu à notre manière en combiné nordique, il partait de bas, se souvient Jacques Gaillard pour évoquer le chemin emprunté, comme lui, par David Moretti, décédé en 1994. Il avait envie de construire quelque chose de solide. Nous avons beaucoup échangé car nous avions des doutes. Il faut imaginer que nous n'avions pas vraiment d'exemples au-dessus. »

« Nous avions des complexes face aux Russes et aux Scandinaves qui dominaient notre sport mais, ce jour-là, on s'est rendu compte que nous aussi on pouvait réussir. »

Yvon Mougel

En 1980, aux Jeux de Lake Placid, le relais composé d'Yvon Mougel, Denis Sandona, André Gourjeon et Christian Poirot, 5e, flirte avec le podium. Un an plus tard, à Lahti, le Vosgien, 3e des championnats du monde, offre à la France sa première médaille mondiale.

Moretti a des convictions très carrées. Meneur d'hommes au caractère bien trempé, il enfonce les portes et structure son sport, Albertville en ligne de mire. Les décisions surprennent. La méthode peut désorienter parfois. Mais chacun adhère et ça fonctionne.

Deux ans avant les Jeux, en 1990, à Antholz en Coupe du monde, Gilles Marguet, Christian Dumon, Thierry Gerbier et Hervé Flandin s'imposent sur un relais, devant Norvégiens et Soviétiques. Une première.

Un an plus tard, toujours en Italie, à Val di Fiemme cette fois-ci, la bande à Jacques Gaillard, rebaptisée le « Commando pour Albertville », devient vice-championne du monde par équipes de combiné nordique. « On a travaillé pour nous débarrasser de nos complexes, lâche Gaillard. Une fois qu'on s'entraîne, il n'y a pas de raisons pour qu'on n'y arrive pas. » « En France, le biathlon est une petite discipline mais une grande famille, glisse Yvon Mougel, qui a intégré le staff tricolore après sa carrière. Le savoir-faire d'une génération a été transposé à la suivante et ainsi de suite.

À mon époque, nous avons essuyé les plâtres mais nous avons semé une bonne graine. » C'est dans la terre des Jeux olympiques d'Albertville en 1992 qu'elle va germer.

La mission des éclaireurs

← Anne Briand, Véronique Claudel et Corinne Niogret remportent l'or olympique en relais aux Jeux d'Albertville en 1992.

Des mots pour se souvenir. Pour raconter et se raconter au pluriel. « Quand Anne a passé la ligne et qu'on est devenues championnes olympiques de relais, David a dit : "P..., elles l'ont fait les s...", sourit Corinne Niogret. Dans sa bouche, c'était affectueux. » Deux ans plus tôt, lorsque David Moretti confie l'équipe de France dames à Francis Mougel, il imagine un avenir doré pour ses drôles de dames mais pas tout de suite. Pas si tôt et encore moins à Albertville. « C'est un homme qui a voué sa vie au biathlon et qui a mis du monde sur les rails du succès, retient Corinne Niogret, première championne olympique de relais féminin de l'histoire du biathlon avec Anne Briand et Véronique Claudel le 14 février 1992. Sans lui, on n'aurait pas été là. »

Sans David Moretti, sans Jacques Gaillard, qui emmena avec Éric Lazzaroni deux jours plus tôt Fabrice Guy et Sylvain Guillaume vers un doublé historique en combiné nordique, l'histoire du ski nordique français n'aurait probablement pas pris la même trajectoire. Les succès nourrissent l'imaginaire. Ils ouvrent des portes et convoquent inévitablement de nouvelles ambitions. « Avec le doublé de Fabrice et Sylvain, on a vu qu'on pouvait faire de belles performances, retient Didier Mollard qui fut en 1993 le premier Français à poser ses spatules sur le podium d'un concours de la célèbre Tournée des Quatre Tremplins en saut à skis. Nous étions tous de la même génération. On s'entraînait ensemble. Il y a eu une émulation et une bonne petite guerre pour dire qui étaient les meilleurs... »

Cela a été le chapitre d'après. L'amorce d'un nouvel épisode, pas d'une autre histoire car chacun s'est appliqué à se nourrir des expériences, heureuses ou malheureuses, des copains d'avant. C'est dans cette simplicité et humanité que le ski nordique français a avancé et grandi.

Tout juste trois ans après le doublé olympique Guy-Guillaume en 1995, à Sapporo au Japon, Nicolas Dessum devenait le premier Français à remporter une étape de Coupe du monde de saut. Comme un trait d'union. « Au début, on était les Petits Poucets, sourit Didier Mollard. Les résultats nous ont fait grandir. Ça a été plus simple ensuite. »

Une dynamique a été enclenchée à Albertville. Quelque chose qui est allé au-delà d'un métal teinté d'or. En 1994, en raison de l'alternance décidée par le CIO (Comité international olympique) entre les Jeux d'hiver et ceux d'été, les sports d'hiver reprennent aux Jeux à Lillehammer en Norvège. « Cela a été une chance pour nous, témoigne Corinne Niogret. Deux ans, c'était revenu vite. » Deux hivers, ça semble court mais à la fois assez long pour laisser émerger une conscience collective. Dans les régions, des pas de tir sortent de terre. Le biathlon plaît. Et pas qu'aux spectateurs. Dans le souffle de l'euphorie d'Albertville, des fondeurs font la bascule du ski de fond au biathlon. Parmi eux, la Haut-Alpine Emmanuelle Claret. Pas encore membre officielle des équipes de France, elle remporte cette année-là son premier succès en Coupe du monde et dominera deux ans plus tard le général de la Coupe du monde. Le ski nordique français diffuse l'image d'une famille.

À Lillehammer, avec trois médailles (deux de bronze en relais et une en individuel avec Anne Briand), la France du biathlon complète sa panoplie. Quelques mois plus tard, Patrice Bailly-Salins remporte le général de la Coupe du monde. Une première historique. La machine s'emballe. Un an plus tard, aux championnats du monde à Antholz, les Bleus récoltent huit podiums en huit courses. Les onze sélectionnés repartiront d'Italie avec chacun une médaille au fond de la valise. À la fin de l'hiver 1995, Anne Briand remporte la Coupe du monde.

« Réussir en équipe a créé des déclics, retrace Corinne Niogret. Avant ça, peu d'athlètes pouvaient dire "je peux avoir des résultats individuels". Si tu allais sur la Coupe du monde, tu pouvais faire comme les autres. Il n'y avait plus de limites ni de barrières. »

L'individu s'accomplit dans l'expression collective. C'était le cœur du projet de David Moretti. De Jacques Gaillard aussi. « C'est ce qui a monté la discipline », avance Sylvain Guillaume, vice-champion olympique de combiné nordique en 1992. Fabrice Guy, champion olympique de combiné nordique en 1992, complète comme pour rappeler que le succès n'aurait pas été possible sans ceux dont le nom a été aujourd'hui oublié : « Tout le monde se souvient de 1992. 1993 a été la descente aux enfers. On en a laissé sur la route. La discipline brillait mais c'était sur deux gars alors que les autres nous ont aidés à grandir. » Malgré deux médailles de bronze aux Mondiaux pour Guillaume (1995) et Guy (1997), le bronze par équipes aux Jeux de Nagano en 1998, partagé avec Ludovic Roux et Nicolas Bal, refermera la cicatrice. « C'était une façon de boucler la boucle », lâche Guy. Seul le ski de fond français semble rester à quai. Malgré la cinquième place de Hervé Balland sur le 50 km des JO de 1992, et une médaille d'argent sur 30 km libre aux Mondiaux un an plus tard pour le Jurassien, la discipline se cherche. Elle a un leader mais patauge dans ses complexes. « Il n'y avait pas d'école ou un savoir-faire pour se renouveler de génération en généra-

← Vincent Vittoz, leader de l'équipe de France de ski de fond au début du XXIe siècle.

tion comme dans le biathlon, témoigne Vincent Vittoz, champion du monde 2005 en ski de fond. Au fil des saisons, chacun a amené sa pierre à l'édifice pour qu'un junior qui arrive, au lieu d'avoir pour référence une 30e place en Coupe du monde, puisse un jour se dire que c'était possible d'être sur le podium en ski de fond également. »

Cette première pierre, c'est Roberto Gal qui l'a posée. L'ancien technicien de l'équipe d'Italie prend en 1998 la destinée de l'équipe de France. Plus qu'à construire, il faut imaginer un futur et que les coureurs partagent cette vision. Le duo que l'Italien forme avec Vincent Vittoz va souder le groupe. La bascule s'opérera quatre ans après sa prise de fonction. « En 2002, nous avons qualifié le relais pour les JO à Salt Lake City, se souvient Vittoz. Ça nous a ouvert des perspectives plus hautes. En 2004, on gagne le 4 x 10 km à La Clusaz. Derrière, on n'avait plus peur. » Le premier podium de Karine Philippot en 2002, une première pour les Bleues, le titre mondial de Vincent Vittoz en 2005 sur la double poursuite puis un an plus tard la médaille d'argent de Roddy Darragon sur le sprint des JO de Turin tracent cette ligne de partage entre deux époques, entre la peur de ne pas être à la hauteur et une ambition sans bornes.

Pendant quinze ans, portés par l'élan des Jeux d'Albertville, des hommes ont nourri une méthode. Elle a fait grandir une discipline et ses athlètes. Le collectif a fait éclore des leaders, des hommes et des femmes qui ont entraîné dans leur sillage tout un collectif. Cela a été Vincent Vittoz en ski de fond, Raphaël Poirée en biathlon.

Double champion du monde junior en 1994, Poirée « explose » à l'aube de l'an 2000. Il ne va pas se substituer au staff mais imprégner fortement son sport et le groupe France. En 2001, accompagné de Vincent Defrasne, Julien Robert et Gilles Marguet, il décroche l'or du relais aux championnats du monde à Pokljuka en Slovénie. De 2000 à 2007, il remportera à quatre reprises le globe de cristal. Ses résultats chassent les derniers complexes.

En 2006, à Turin, Florence Baverel sur le sprint et Vincent Defrasne en poursuite sont champions olympiques. Un an plus tôt, Sandrine Bailly remporte le général de la Coupe du monde. « J'avais des exemples », retient la longiligne blonde de l'Ain. Elle s'en est inspirée. Elle s'est aussi, comme d'autres avant elle, appliquée à écrire la suite de cette histoire en soulignant la force de l'héritage. « On a une mission intime au fond de soi, glisse Sandrine Bailly. Vu ce que la discipline a vécu, chaque génération doit mettre sa pierre à l'édifice. C'est quelque chose qu'on porte en soi. » « Dans le ski nordique français, chacun s'approprie son chemin et le fait évoluer, déclare Vincent Vittoz. Il y a un socle commun. » Que les générations suivantes ont entretenu à leur tour. Mais à leur manière et avec leurs codes.

Les héritiers

Guider, inspirer, provoquer. Le ski nordique français ne s'est jamais éloigné de ses principes. Comme de ses richesses identitaires. Les résultats ont probablement tenu l'ensemble mais ce sont les hommes et les femmes qui ont fait le lien. C'est parce que chaque génération s'est appliquée à lire et relire l'histoire que celle-ci a continué à s'écrire. Le combiné nordique n'a pas débuté en 1992 à Albertville parce que deux gars du Jura grimpaient sur les deux premières marches du podium. Le biathlon n'a pas été inventé dans les années 1990. Mais bien avant. Le ski de fond ne s'est pas mis à rêver après le titre mondial de Vincent Vittoz en 2005. D'autres avant lui avaient joué les éclaireurs. « J'ai eu la chance de commencer le biathlon avec des figures emblématiques comme Raphaël Poirée, retient Simon Fourcade, ancien athlète des équipes de France avant d'en devenir l'un des entraîneurs chez les jeunes puis sur la Coupe du monde. C'est en m'intéressant à ces personnes que j'ai pu avoir du recul sur l'histoire de mon sport. J'ai connu la discipline à travers les JO de Nagano en 1998. C'est à partir de cet instant que j'ai eu envie de pratiquer ce sport mais je me suis très vite rendu compte qu'il y avait eu des étapes de franchies bien avant et que tout n'avait pas commencé aux Jeux de 1998. »

On regarde souvent ce qui brille. On se souvient facilement de ceux qui gagnent. Même parfois à en oublier tout le reste. Pourtant, les victoires d'aujourd'hui se lisent dans les échecs d'hier. C'est parce que d'autres avant ont déblayé la voie que Raphaël Poirée a réussi, que Martin Fourcade, quintuple champion olympique et septuple vainqueur de la Coupe du monde entre 2012 et 2018, a grandi, entraînant dans son sillage toute une génération et une discipline. « En 2012, à Ruhpolding, Martin Fourcade est trois fois champion du monde, se souvient Simon Fourcade, qui fut cette année-là vice-champion du monde de l'individuel. Il a œuvré pour une médiatisation

↖ Véronique Claudel, Corinne Niogret et Anne Briand, portées en triomphe par le staff tricolore après leur titre olympique en 1992 à Albertville.

↑ En 2022, Quentin Fillon Maillet est devenu le quatrième Français à remporter le général de la Coupe du monde. La même année, il remporte cinq médailles aux JO, dont deux en or.

← Inspirés des générations passées, Martin et Simon Fourcade ont veillé à enrichir l'histoire du biathlon français.

↓ Médaillée d'or sur le relais mixte aux JO 2018, Marie Dorin-Habert a marqué de son empreinte les années 2010.

de ses résultats et par conséquence de son sport. La chaîne L'Équipe est arrivée et a permis l'explosion médiatique de notre discipline. Cela s'est fait étape par étape. »

« Je ne pense pas que si Martin Fourcade était arrivé en 2010 sans tout ce qu'il y a eu avant, la direction aurait été la même. » Simon Fourcade

Jason Lamy-Chappuis n'était encore qu'un môme en 1992 quand Fabrice Guy et Sylvain Guillaume sont grimpés au sommet de l'Olympe. En 2010, à Vancouver, il les a rejoints. Dix-huit ans d'attente entre ces deux moments et une histoire au long cours qui trouve ses racines plus loin encore. À Vancouver, le combiné de Bois-d'Amont était coaché par Étienne Gouy. Lui aussi a fait partie du « Commando d'Albertville ». Athlète hier, il est devenu coach ensuite. Il a enrichi une méthode et ajouté des chapitres à l'aventure. En 2013, à Val di Fiemme, Gouy emmenait l'équipe de France de Jason Lamy-Chappuis, Sébastien Lacroix, Maxime Laheurte et François Braud sur la plus haute marche des championnats du monde par équipes. « Le doublé olympique de 1992 m'a mis des étoiles dans les yeux, esquisse Sébastien Lacroix. Ça donne des idées et permet de se projeter, de se dire que c'est faisable. C'est comme ça que nous sommes allés chercher en 2013 le titre par équipes. Ce sont des moments qui restent en mémoire. Les plus jeunes nous ont vus et on les a inspirés. Un jour, ce ne sera plus le cas. Il faut s'attacher à des références qu'on a connues plus jeune. C'est important. C'est ce qui fait le lien entre les générations. » Entre 2010 et 2020, le ski nordique français s'est affirmé. Il n'est plus le Petit Poucet mis au piquet quand les grands se régalent. Il pèse et prend chaque hiver de plus en plus de place. Dans chaque discipline, des leaders se sont affirmés : Jason Lamy-Chappuis en combiné nordique, Coline Mattel puis Joséphine Pagnier en saut spécial, Martin Fourcade et Marie Dorin-Habert en biathlon, Delphine Claudel et Maurice Manificat en ski de fond. Les médias ne barrent plus les unes des journaux du mot « miracle » à chaque performance. L'extraordinaire est à sa manière devenu ordinaire. En 2016, à Oslo, les biathlètes remportaient onze médailles mondiales dont six en or. Huit ans plus tard, à Nove Mesto (République tchèque), avec treize podiums dont six titres, le collectif tricolore faisait encore mieux.

En 2022, Quentin Fillon Maillet, après Bailly-Salins, Poirée et Fourcade, devenait le quatrième Français à enlever le général de la Coupe du monde. La même année aux Jeux olympiques de Pékin, le Jurassien était titré à deux

← Delphine Claudel, première Française à s'imposer dans une Coupe du monde de ski de fond.

reprises tandis que Justine Braisaz était sacrée championne olympique de la *mass start*. Un an plus tard, Julia Simon enlevait le globe de cristal. La réussite convoque la réussite.

En ski de fond, Maurice Manificat, vice-champion du monde en 2015, a mené les rênes de l'équipe de France sur les podiums olympiques (2014, 2018, 2022) et mondiaux (2015, 2019, 2021) en relais. Comme Vincent Vittoz avant lui, il a entraîné dans son sillage toute une génération : Richard Jouve (vainqueur du globe de cristal du sprint en 2022), Jules Chappaz (3e aux Mondiaux du sprint en 2023), Delphine Claudel (première Française vainqueure d'une étape de la Coupe du monde en 2023).

Demain, eux aussi arrêteront. D'autres prendront leur place. Sans se substituer à l'Histoire, comment entretenir celle-ci ? « Qu'est-ce qui fait que cela va se pérenniser, avance Maurice Manificat. De Pierrat à Vittoz, jusqu'à nous, il y a quarante ou cinquante ans. On a l'impression de ne connaître que de la progression mais on sait aussi qu'on peut régresser. Le vœu des plus anciens était que leur héritage perdure. La fierté et le bonheur, c'est de se dire que quand j'arrêterai, cela continuera… » « Il faut transmettre ce goût de l'effort et aller de l'avant pour comprendre quel sera le chemin », glisse Marie Dorin-Habert, championne olympique de relais mixte en 2018 et quadruple championne du monde.

En un demi-siècle, la France est devenue une nation incontournable du ski nordique mondial. Elle a parfois fait mieux que les Norvégiens, les Russes ou les Suédois, ces nations qui la martyrisaient autrefois. Elle est désormais prise au sérieux alors qu'avant, on ne la regardait même pas.

En 2010, aux Jeux olympiques de Vancouver, Jason Lamy-Chappuis devient champion olympique de combiné nordique, dix-huit ans après Fabrice Guy.

L'histoire d'une discipline est parcourue d'une succession d'inflexions chronologiques. Les guerres, l'industrialisation et la transformation, au début du XXe siècle, des sports d'hiver en une activité touristique autonome ont modifié en profondeur la pratique du ski nordique jusqu'au rapport même de l'individu à la glisse et à son exercice. Dans ce processus naturel, la compétition, apparue progressivement à la fin du XIXe siècle, en particulier en Scandinavie, est la traduction la plus évidente de l'ambition de l'Homme de skier plus vite, de sauter plus loin et de découvrir ses limites.

3 La marche des Olympiques

L'affrontement sportif a été très tôt une source d'inspiration pour innover et improviser. Les Jeux olympiques d'hiver en 1924 à Chamonix, les premiers de l'histoire, ont été un formidable agitateur et un structurant pour le sport en France. Comme le seront un demi-siècle plus tard à la fois ceux de Grenoble (1968) et d'Albertville (1992).

Dans l'élan de ces exercices olympiques, le ski nordique français a entamé une vaste réflexion de ses mécanismes en s'appliquant à se moderniser et à démocratiser sa pratique.

Au-delà d'une mise en valeur médiatique, l'Olympisme a favorisé le développement d'infrastructures et de structures associatives ou publiques, nécessaires à la promotion du ski nordique.

Les premiers Jeux olympiques d'hiver de l'histoire se sont tenus du 24 janvier au 5 février 1924 à Chamonix. C'est l'événement qui a probablement le plus infléchi le cours de l'histoire et donné un sens comme une direction au développement du ski nordique et plus largement du ski en France.

Si tout a débuté au pied du mont Blanc, c'est au bord du lac Léman, à Lausanne, que l'histoire a pris corps. En 1921, Paris est choisie pour organiser les 8es Olympiades d'été. L'idée de « Jeux d'hiver » est en gestation. Des membres du Comité international olympique souhaiteraient même les confier à une station française. Des réticences se font jour. Les Scandinaves craignent un événement qui viendrait concurrencer leurs Jeux nordiques qui, chaque année, célèbrent le ski de fond et le saut. Gérardmer dans les Vosges et Luchon dans les Pyrénées sont candidats ; c'est finalement Chamonix que le CIO choisit en février 1923. Craignant que les sports d'hiver, plutôt confidentiels à l'époque, ne disposent pas de la dimension internationale et sportive pour prendre le titre de Jeux olympiques, l'événement est nommé « Semaine internationale des sports d'hiver de Chamonix » avant d'être rebaptisé par la suite « Concours internationaux des sports d'hiver à l'occasion de la 8e Olympiade ». Aux côtés des sports de glace, le ski de fond, le saut, le combiné nordique et la patrouille militaire, épreuve mêlant ski de fond et tir, sont les seules disciplines de ski au programme.

À Chamonix, les Norvégiens collectionnent les succès. Thorleif Haug, avec quatre médailles (trois d'or et une de bronze), dans quatre épreuves différentes (18 et 50 km ski de fond, combiné nordique et saut à skis), est le premier skieur star des Jeux. Sur la patrouille militaire, la France, emmenée par quatre Jurassiens - Paul et Gabriel Mandrillon, André Vandelle et Georges Berthet -, remporte la médaille de bronze. C'est le premier podium

← Aux Jeux olympiques d'hiver de 1924 à Chamonix, Camille Mandrillon mène la délégation francaise.

olympique de la France dans un sport de neige. Ces Jeux sont une première découverte des champions et d'une discipline, parfois méconnue du grand public parce que bien souvent rendue à la simple confidence de villages ruraux de moyenne montagne. Ils amorcent une prise de conscience collective qui va poser les bases du développement du ski moderne.

Au cours de la quinzaine olympique, le 2 février, naît la Fédération internationale de ski (FIS). Elle a pour vocation à organiser les compétitions internationales de ski. Quelques mois plus tard, au printemps, le Club alpin français (CAF), fondé en 1874 et qui se consacre à la pratique et à la connaissance de la montagne sous tous ses aspects, propose la fondation d'une Fédération française de ski (FFS), adoptée le 15 octobre 1924. De 5167 membres à l'origine, la FFS atteint en 1939, juste avant la Seconde Guerre mondiale, le nombre de 48992 adhérents. Dans l'intervalle d'un attrait croissant pour les sports d'hiver, elle s'applique à aborder les questions sur les méthodes d'enseignement, le contrôle et l'organisation des compétitions.

Si la Seconde Guerre mondiale obligea la suspension d'une partie des activités, la période d'après-guerre illustre le développement du ski dans le monde au titre de sport loisir et ce pour l'ensemble des classes sociales. Le 13 novembre 1945 est créé le Syndicat national des moniteurs du ski français (SNMSF).

C'est à cette même période que la question de l'ouverture de la pratique aux personnes handicapées est recentrée. Suspendus pendant la guerre, les « *Deaflympics* », ou Jeux olympiques destinés aux sourds, reprennent en 1949. Imaginés en 1924 uniquement sur un format été, pour la première fois, ils se déroulent aussi l'hiver. C'est à Seefeld en Autriche que trente-trois nations sont alors réunies pour cette première édition, le ski de fond figurant au programme. Un an plus tôt, le 29 juillet 1948, le jour de la cérémonie d'ouverture des Jeux olympiques d'été à Londres, Sir Ludwig Guttmann organise la première compétition pour athlètes en fauteuil roulant qu'il baptise « Jeux de Stoke Mandeville ». Seize militaires blessés sont réunis sur une unique épreuve, le tir à l'arc. Un nouveau mouvement sportif est né. En 1960, à Rome, une semaine après les JO d'été, se tiennent les IXe Jeux de Stoke Mandeville. Cette édition est dès lors considérée comme les premiers Jeux paralympiques de l'histoire. Il faudra pourtant attendre 1976 pour assister à Örnsköldsvik en Suède aux premiers Jeux paralympiques d'hiver.
Les Jeux olympiques de 1924 à Chamonix ont posé un cadre. Le choix de Grenoble en 1964 pour organiser les JO de 1968 va être un levier formidable

pour l'expansion et la promotion du ski nordique en France. Imaginée en 1960, la candidature, soutenue par le président de la République Charles de Gaulle, a pour ambition de mettre en œuvre des projets de modernisation des stations pour promouvoir le tourisme. Sur le plateau du Vercors, Autrans est désignée pour accueillir les épreuves de ski de fond, saut et combiné nordique. Sur la montagne du Claret, deux tremplins sont construits. Le réseau de pistes de ski de fond est redessiné et l'entretien du domaine nordique perfectionné avec l'apparition des premières machines dédiées au damage. Pour la première fois, les épreuves olympiques sont retransmises en couleur et en Mondovision. Par la magie du direct et la voix d'un jeune journaliste, Michel Drucker, le ski nordique pénètre dans les foyers français.

Lors des Jeux olympiques de Grenoble en 1968, les épreuves de ski de fond ont lieu à Autrans, sur le plateau du Vercors. Le Norvégien Ole Ellefsæter remporte le 50 km. →

Si la France ne remporte aucune médaille sur les épreuves nordiques, l'engouement autour de la discipline est perceptible. Le 16 décembre 1969, à Prémanon dans le Jura, l'École nationale de ski de fond (ENSF) ouvre ses portes. Lors de son inauguration, le 21 janvier 1970, Joseph Comiti, ministre de la Jeunesse et des Sports, rappelle que l'ENSF a vocation à former des moniteurs et des éducateurs, mais aussi à accompagner la réussite des équipes de France de ski de fond et de saut au plus haut niveau. Les Jeux olympiques de Grenoble ont changé les perceptions.

Avant 1968, Autrans était une bourgade anonyme qui vivait au rythme des saisons et de l'exploitation du bois, de l'élevage et de la fabrication artisanale des chaussures de ski. Un an plus tard, le centre de ski de fond affiche complet. Les Jeux ont été un formidable accélérateur. « Les skis en location sont retenus une semaine à l'avance, raconte à l'époque,

← Aux Jeux de 1968, les épreuves de saut à skis se déroulent sur le tremplin olympique de Saint-Nizier qui domine la vallée de Grenoble.

dans les colonnes du journal *Le Monde*, M. Scheibling, directeur de l'office de tourisme. Avec le ski de fond, on s'échappe pour un après-midi à toute contrainte, à toute servitude. Rien que la neige sans fin devant ses spatules. » C'est ce que les Français découvrent. Ils apprennent que le ski de fond n'est pas qu'un sport d'endurance mais également de glisse.
Pour accompagner cette prise de conscience, en 1971, à Autrans, devenue par la magie des Jeux la « capitale du ski nordique français », l'Association

Il se révèle être un loisir de masse avec cette opportunité de conquérir de nouveaux espaces jusque-là plus ou moins délaissés par le tourisme.

Nationale des Centres et Foyers de ski de fond et de montagne, aujourd'hui Fédération Nationale pour le Développement des Sports et du Tourisme en Montagne, est mise en place. Cette dernière a pour mission d'agir pour la promotion du ski de fond sur le territoire national. Elle n'a pas pour but de cadrer le sport mais d'accompagner son expansion en réunissant des adhérents venant des Alpes, du Jura, des Vosges, des Pyrénées et du Massif central. Les fabricants de matériel profitent eux aussi, peut-être timidement au début, de cette exposition populaire. La firme Emery de Grenoble, alors spécialisée dans la production de fixations pour la randonnée, est l'une des premières à livrer des fixations pour le ski de fond. En 1972, Rossignol passe des accords avec la société suédoise Edsbyns (premier fabricant mondial de ski de fond), avant de commercialiser ses propres produits. Une décennie plus tard, Salomon, installée à Annecy, présentera des fixations de ski de fond. La prudence des grandes firmes à investir le marché bénéficie à l'époque aux petits fabricants comme Duret, Grand Chavin (Les Rousses) ou Vandel (Bois-d'Amont). Certains d'entre eux équipent même les athlètes des équipes de France.

Le ski nordique imprime ses codes. De plus en plus populaire, on assite à une augmentation du nombre de skieurs comme de leur niveau. De quelques milliers à la fin des années 1960, ils sont plus de quatre cent mille dix ans plus tard. Les années 1980, marquées par le développement du skating, ou style libre, adopté pour la première fois aux Jeux olympiques de Calgary en 1988, constituent un tournant. L'apogée peut-être de la discipline qui n'est plus un exercice marginal concédé à une minorité de skieurs. La performance a été suppléée par le plaisir et la contemplation : le ski de fond devient populaire. La naissance de la Foulée Blanche et de la Transjurassienne en 1979 en sont la plus simple expression.

Cet engouement croissant se traduit en 1985 par la mise en place de la loi Montagne, relative au développement et à la protection de cette dernière. À partir de cette date, la compétence est donnée aux communes d'instaurer la redevance ski de fond pour financer l'entretien et le damage des pistes, ainsi que le développement et la promotion des sites. Dans ce cadre, des associations départementales et interdépartementales voient le jour pour accompagner l'évolution de la pratique et regrouper les acteurs sur les territoires. La structuration du nordique se fait donc d'abord par les territoires. « France Ski de fond », qui deviendra « Nordic France », naît un an plus tard, le 13 mai 1986, afin d'ajouter l'échelon national à la filière. L'association, reconnue officiellement par l'État en 2006, fédère encore aujourd'hui au travers des associations départementales ou de massif, les sites qui gèrent les activités nordiques et perçoivent la redevance de ces dernières.

En 1992, lors des Jeux olympiques d'Albertville, les épreuves de ski de fond et de biathlon se tiennent aux Saisies. →

Les années 1980 sont alors une période de bouleversements pour le ski nordique. Le 17 octobre 1986, au terme de six tours de vote, le CIO attribue à Albertville l'organisation des XVIe Jeux olympiques d'hiver de 1992. La perspective des JO, les troisièmes en France, sert de déclic aux équipes de France de ski nordique et de biathlon pour franchir un palier supplémentaire. Les Bleus du nordique gravissent une à une les marches, mûs par l'ambition de

← En 1994, à Lillehammer, Åge Jønsberg a remporté sa troisième médaille d'or aux Jeux paralympiques, qui ont lieu depuis 1976.

déplacer des montagnes. Aux Saisies, un stade de biathlon sort de terre. Deux tremplins sont construits à Courchevel. En février 1992, la victoire des Françaises sur le relais en biathlon couplée au doublé en combiné nordique de Fabrice Guy et Sylvain Guillaume est un formidable coup de projecteur. Les Jeux de Grenoble en 1968 avaient favorisé l'émergence d'une conscience nordique et populaire, tout comme sa diffusion à tous les publics. Ceux d'Albertville ont été le relais de cette politique d'émancipation dans la sphère sportive. Les barrières tombent, les complexes disparaissent. Des infrastructures se développent et les structures existantes sont modernisées.

Le 8 avril 1999, l'École nationale de ski de fond (ENSF) devient le Centre national de ski nordique et de moyenne montagne (CNSMM). Labellisé en 2004 « Pôle France de ski nordique » par le ministère, il fait depuis office de Centre national d'entraînement pour le ski nordique. Jason Lamy-Chappuis, champion olympique de combiné nordique en 2010, et Martin Fourcade, quintuple champion olympique de biathlon, font partie des premières promotions. D'autres générations ont suivi depuis. Le centre détient également une expertise dans la recherche et le développement pour la filière nordique. Des investissements convoquent le souvenir de réussite des Jeux de 1992 tout autant que l'engouement populaire né en creux de ceux de 1968.

La perspective de Jeux olympiques d'hiver en 2030 en France nourrit légitimement de nouvelles ambitions. Elle engage pratiquants, athlètes, associations et fédérations à imaginer une suite. Alors que le ski nordique n'avait en 1924 rien d'une évidence, la force des Jeux olympiques d'hiver a été en un siècle d'en avoir fait un pan de l'histoire de France.

Au bonheur des dames

La Finlandaise Lydia → Wideman est la première championne olympique de l'histoire du ski de fond.

④

En 2016, selon le Baromètre sports et loisirs de nature en France, 2,7 millions de Français pratiquaient le ski de fond. Presque la moitié d'entre eux (44 %) était des femmes. L'aspect « sport bien-être » et le retour à la nature, promis par l'exercice du ski nordique, traduisent en partie cet attrait grandissant pour la pratique. Cette popularité nouvelle le doit aussi à ses ambassadrices et tous les combats qu'elles ont menés et mènent encore.
Si au XXIe siècle le ski nordique est identifié en tant qu'activité mixte et paritaire, le constat est récent. Ce n'est qu'en 1992 à Albertville que les épreuves féminines de biathlon ont été introduites au programme des Jeux olympiques d'hiver, soit quarante ans après l'apparition des femmes sur les courses de ski de fond aux JO.
Il faudra encore attendre vingt-deux années supplémentaires et les Jeux de Sotchi en 2014 pour assister à la première compétition olympique de saut à skis féminin. Si ces dates fixent une prise de conscience collective et une évolution des mentalités, elles rappellent aussi que le chemin a été sinueux.

Qui étaient les pionnières ? Quels murs ont-elles abattus ? Quelles visions pour l'avenir ?

Et les poètes contèrent… la « première » skieuse. Dans la mythologie nordique, Ull, dieu du vent, du ski et de l'arc, et Skadi, la déesse du ski et de la chasse, forment une des deux origines du ski. Les poèmes épiques chantent Skadi, établie à Thrymheim où elle chassait et skiait à l'écart des habitations des humains. Également appelée Öndurdis, déesse du ski, elle a été une source d'inspiration pour les Hommes. Sa légende a éclairé leurs choix et inspiré leur mode de vie. C'est à ski, comme Skadi, qu'on chassait l'hiver. Même si le terme est à nuancer, elle est identifiée comme la « première » skieuse.

La plupart des écrits depuis la Préhistoire, référents à l'histoire du ski, et du rapport de l'Homme à cette activité, témoignent d'abord d'une pratique masculine. Peut-être parce qu'elle était souvent militaire ou liée à des tâches uniquement destinées aux hommes telles que la chasse et l'agriculture.

Si les sources manquent, les femmes pratiquaient pourtant elles aussi le ski. Au XIXe siècle, elles sont régulièrement représentées en robe longue en train de skier.

En 1862 est même recensé le premier saut à skis effectué par une femme : la Norvégienne Olavsdottir Vestby atteint les six mètres.

En 1908, le Club alpin français met en place le concours international de ski de Chamonix. Les archives évoquent l'existence de courses nationales et internationales de saut et de ski de fond organisées en fonction de catégories, parmi lesquelles figurent les femmes. Sur la course de ski de fond, trois kilomètres tracés entre le hameau des Plans en direction des Praz, neuf femmes sont au départ. La victoire sera chamoniarde. Mais ces histoires restent isolées.

Au début du XXe siècle, le sport était une activité principalement destinée aux hommes. La pratique sportive féminine était empreinte de préjugés parmi lesquels l'indécence, la perte de féminité ou le risque de stérilité. Dans un texte intitulé « Les femmes aux Jeux olympiques » datant de 1912, le baron Pierre de Coubertin affirmait qu'« impratique, inintéressante, inesthétique, et nous ne craignons pas d'ajouter incorrecte, tel serait notre avis de cette demi-Olympiade féminine. Ce n'est pas là notre conception des Jeux olympiques dans lesquels nous estimons qu'on a cherché et qu'on doit continuer de chercher la réalisation de la formule que voici : l'exaltation solennelle et périodique de l'athlétisme mâle avec l'internationalisme pour base, la loyauté pour moyen, l'art pour cadre et l'applaudissement féminin pour récompense ».

En 1928, il appuyait : « Quant à la participation des femmes aux Jeux, j'y demeure hostile. C'est contre mon gré qu'elles ont été admises à un nombre grandissant d'épreuves. » Une vision sexiste du sport féminin largement répandue à l'époque.

L'année 1924, à Chamonix, à l'occasion des premiers Jeux olympiques d'hiver, les épreuves de ski nordique étaient uniquement ouvertes aux hommes. Seules onze femmes s'alignèrent lors de cette Olympiade. C'était en patinage artistique. En 1936, à Garmisch-Partenkirchen, en Allemagne, le ski alpin fait son entrée aux JO avec une épreuve de combiné. La compétition est alors mixte. En revanche, les épreuves de ski nordique restent encore uniquement ouvertes aux hommes. Ce n'est qu'en 1952 à Oslo que le monde assiste aux débuts du ski nordique féminin aux Jeux olympiques. En Norvège, il n'est pas question d'une compétition de saut ou de combiné nordique, juste d'un 10 km en ski de fond. La Finlandaise Lydia Wideman est la première championne olympique de l'histoire du ski nordique. Elle s'impose devant ses compatriotes Mirja Hietamies et Siiri Rantanen.

À la 15e place, une Française : Josette Baisse. À l'époque, Robert Baisse, son mari, préparateur physique des équipes de France de ski alpin et ski de fond, a monté un collectif féminin. Une poignée d'athlètes qui partagent les entraînements des hommes dans le Vercors, à Autrans, où a été délocalisé en 1951 le Centre national d'entraînement. Lors de l'hiver 1951, Josette Baisse, décédée en 2023, devient la première championne de France de la discipline. Elle décrochera l'année suivante sa sélection olympique sur les skis « et pas parce qu'elle était la femme de Robert Baisse », confie son fils Pierre-Éric.

Il faudra attendre les Jeux olympiques d'Albertville en 1992 pour revoir une Française au départ d'une épreuve olympique. C'est la perspective des JO en France qui a permis de (re)construire un collectif. Isabelle Mancini et Sophie Villeneuve (première Française à participer aux JO d'hiver et d'été) en seront même les têtes d'affiche. Avant elles, entre les années 1970 et 1980, Marie-Christine Subot portait la discipline. Intégrée en équipe de France en 1976, l'Iséroise se verra refuser « pour une poignée de secondes » une participation aux JO de 1980 avant de prendre, un an plus tard, la deuxième place de la Vasaloppet, qui, pour la première fois, était ouverte aux femmes.

← Christine Poirot est l'une des pionnières du biathlon en France.

C'est l'opportunité des Jeux olympiques d'Albertville de 1992, où pour la première fois les femmes seront intégrées au programme olympique du biathlon, qui permettra l'émergence d'une équipe de France dames de biathlon. Dans les années 1980, des compétitions féminines de biathlon sont organisées. Le Comité international olympique (CIO), soucieux de dépoussiérer le programme, décide d'ouvrir aux biathlètes féminines les portes des JO de 1992. Si dans les pays à forte tradition nordique, en Scandinavie ou en URSS, la discipline est installée, c'est moins le cas en France. « Au début, on faisait du biathlon par esprit de contradiction. Les "mecs" nous demandaient ce qu'on faisait là. Il n'y avait pas de structures et on restait dans nos comités. Au départ des courses nationales, on était sept ou huit », raconte Marie-Pierre Baby dans *La grande saga du biathlon français*. La Savoyarde fait partie des pionnières. Elles étaient au tout début une poignée : Christine Claude, présente aux premiers championnats du monde féminins de l'histoire en 1984 à Chamonix, ainsi que Christine Poirot, Emmanuelle Durafour et Véronique Claudel. C'est à la fin de la saison 1989 que David Moretti confie les rênes de l'équipe de France dames à Francis Mougel. Un choix marqué par la volonté de bien figurer aux JO d'Albertville en 1992. Les athlètes sont souvent d'anciennes skieuses de fond. La seule « pure » biathlète est alors Corinne Niogret. Elle a découvert la discipline, en 1987, à tout juste 15 ans. Cinq ans plus tard, avec Anne Briand et Véronique Claudel, elle est sacrée championne olympique de relais.

Briand, Niogret, Claudel. Un trio magique qui a fait entrer, en 1992, le biathlon français dans les foyers de l'Hexagone. →

Discipline iconique des Jeux olympiques d'hiver, et même des sports d'hiver, le saut à skis ne s'est ouvert aux femmes qu'en 2014. Pratiquement un siècle après qu'il a été intronisé discipline olympique à Chamonix en 1924. Cette reconnaissance a été un long chemin où les murs érigés étaient d'abord ceux de préjugés. En 2005, Gian-Franco Kasper, président de la Fédération internationale de ski (FIS), déclarait que la discipline n'était pas « adaptée aux femmes d'un point de vue médical ». Un an plus tard, le CIO votait contre l'intégration du saut à skis féminin aux Jeux olympiques de Vancouver 2010. Une décision qui était un jugement de valeur, puisque ce dernier estimait que la discipline n'était pas assez développée, mais probablement aussi de genre. Pourtant, les premières épreuves internationales remontaient à la fin des années 1990. Elles avaient favorisé en France l'émergence de regroupements nationaux.

En 2005 étaient organisés les premiers championnats du monde juniors. Quatre ans plus tard, à Liberec en République tchèque, l'Américaine Lindsey Van devenait la première championne du monde de l'histoire. Les Françaises Coline Mattel (14 ans) et Caroline Espiau (17 ans), entraînées par Jacques Gaillard, coach de cette jeune équipe après avoir veillé à la destinée du combiné nordique français, terminaient 5e et 33e.

← À Sotchi, en 2014, Coline Mattel termine 3e du premier concours de saut féminin des Jeux olympiques.

La même année, et parce qu'un collectif de sauteuses à skis avait poursuivi en justice le Comité d'organisation des JO de Vancouver pour « discrimination de genre », la FIS annonçait sa volonté de voir le saut à skis féminin intégrer le programme des Jeux olympiques de Sotchi en 2014 en Russie. À l'automne 2011, convaincue par la réussite des deuxièmes championnats du monde de l'histoire organisés à Oslo en Norvège, la commission exécutive du CIO acceptait d'intégrer le saut aux JO 2014. En Russie, l'Allemande Carina Vogt deviendra la première championne olympique de l'histoire de la discipline. Avec une troisième place, Coline Mattel, déjà médaillée de bronze aux Mondiaux 2011, sera la première médaillée olympique de la saga du saut à skis français. « Quand nous avons eu les premiers championnats du monde en 2009, au même moment quasiment nous nous sommes vu refuser notre participation pour les JO 2010, je n'ai pas compris, détaille Coline Mattel. J'avais toujours vu des femmes sauter. Quand j'ai débuté, je sautais sur les mêmes tremplins que les garçons et je participais aux mêmes compétitions qu'eux. Ça a été un grand combat pour nous toutes. J'ai eu à cœur de porter un peu cette parole des femmes et du sport féminin. Ce n'est qu'en 2014 après les JO de Sotchi que les gens ont réalisé alors que c'était la première fois qu'il y avait les femmes aux Jeux olympiques. L'été suivant, il y a eu plus de jeunes filles à l'entraînement qu'avant. Des compétitions avec les garçons, on en faisait régulièrement. On pouvait faire des résultats et je crois qu'il y a plein de filles à ce moment-là qui se sont dit "moi aussi, je peux le faire". On a ouvert la voie. » Depuis l'hiver 2022-2023, les femmes peuvent pratiquer le vol à skis. Jusqu'à cette décision, votée à l'unanimité par la FIS, il leur était interdit de s'engager sur les grands tremplins. Pour les Jeux olympiques de Milan-Cortina en 2026, le bureau exécutif du CIO a décidé d'approuver l'arrivée de l'épreuve individuelle féminine de saut à skis sur grand tremplin. Alors que depuis 2014, un seul titre olympique individuel (sur petit tremplin) était décerné, il y en aura deux désormais. Comme pour les hommes. Une parité voulue aussi en ski de fond puisque depuis la saison 2022-2023, hommes et femmes disputent les mêmes distances.

De l'ensemble des disciplines du ski nordique, le combiné nordique était la seule en 2022 à Pékin à ne pas avoir d'équivalence féminine aux Jeux olympiques. Si depuis l'hiver 2020-2021, un circuit de Coupe du monde a été mis en place, la discipline s'est vu refermer jusque-là les portes de l'Olympisme. Et ce malgré la demande formulée par la FIS de voir intégrer une épreuve féminine au programme en 2022 à Pékin.

Les jeunes femmes se sont battues pendant des années pour que le saut féminin soit introduit au programme des Jeux. →

Alors que les circuits féminins en ski de fond et en biathlon se sont pleinement développés en 1981 et 1987, ainsi que celui du saut à skis depuis 2012, le combiné nordique est en retard. Absente des prochains Jeux olympiques en 2026 en Italie, l'épreuve féminine de combiné nordique est espérée au programme en 2030. Une présence qui pourrait fluidifier l'avenir du combiné nordique. Même s'il reste une discipline centenaire, et l'une des premières à avoir figuré aux JO, en raison des faibles audiences des derniers Jeux d'hiver à Pékin, son avenir olympique est remis en cause. En 2022, la commission exécutive a décidé de maintenir l'épreuve. Pour combien de temps encore ? La réponse est probablement dans l'opportunité d'enfin reconnaître la parité à ce sport.

L'histoire récente du ski nordique a éclairé l'importance et l'impact de l'ouverture de la discipline aux femmes. Elles ont bougé les lignes en amenant modernité et popularité. Elles représentent désormais (pratiquement) la moitié des pratiquants recensés. Leur intégration peut, dans les années futures, faire progresser et évoluer encore le sport vers plus d'ouverture aux différents publics.

SOCHI 2014
24

Rétro ou moderne ?
Un peu des deux probablement.
Dépassé ou avant-gardiste ?
L'un et l'autre à la fois.

5

Fashion–ista

Le ski nordique a pu parfois sembler engoncé dans un conformisme que certains ont qualifié de maladif. Trop sérieux, pas assez fantaisiste. Trop rigide aussi. Peut-être. La philosophie d'un sport se lit souvent dans son histoire. Parce que le ski nordique, avant d'être le fruit d'une passion de la glisse, questionnait la survie de l'homme dans son milieu naturel, il a pu garder une forme de retenue. Pourtant, c'est l'ingéniosité de l'homme des cavernes d'avoir bricolé dans un morceau en bois deux planches pour glisser sur la neige qui fait aussi sa richesse.

Se déplacer, sauter, tirer. Toujours plus vite ou plus loin. C'est le mariage de toutes ces attitudes et aptitudes qui fait depuis des siècles la richesse du ski nordique, lequel a appris à s'adapter à son époque comme aux besoins de ses pratiquants. Le dernier siècle a été une révolution permanente. Des skis qui s'effilent, des hommes qui volent plus longtemps, des carabines plus légères et précises… Le ski nordique est à la fois moderne et rétro, parfois dépassé et souvent avant-gardiste.

← D'un pantalon en toile surmonté d'une paire de chaussettes en laine au collant, le style du skieur nordique a évolué au fil des années.

↑ Sigmund Ruud.

L'époque classique

Les sauteurs de Kongsberg

Un style encore un peu hésitant. Pas totalement convaincant et aérodynamique. Mais voler s'apprend. Après la Première Guerre mondiale, les Norvégiens Thulin Thams et Sigmund Ruud ouvrent la voie des airs. Leur technique, dite « de Kongsberg », du nom du village dont ils sont originaires, nécessite, bras tendus devant soi, de plier son corps en deux avec une inclinaison prononcée du buste sur l'avant. Une technique qui permit aux sauteurs quelques années plus tard de dépasser les 100 mètres.

↑ Les Norvégiens ont été des précurseurs dans le développement du ski nordique et de la manière de l'appréhender.

← Les premiers sauteurs à skis pratiquaient la technique dite « de Kongsberg ».

Le Gaulois

Le justaucorps n'existait pas encore. Le Lycra était un mot du futur. Pour gagner en liberté de mouvement, les skieurs nordiques avaient pris l'habitude de remonter leurs chaussettes jusqu'à mi-mollet. Pas de collant non plus mais un knickers en toile qui baillait sur les cuisses. Skier pouvait ressembler à une aventure. Et quelque part, ça l'était. Le skieur aimait s'engouffrer dans la forêt, loin de toute forme de civilisation, pour communier silencieusement avec la nature. C'est au fond, sûrement, la seule chose qui n'a jamais changé.

Dur comme du bois

Il fallait bien un début. Quelque chose d'artisanal et de très empirique pour commencer. Les premiers skis de fond étaient en bois. Ils n'avaient pas de carres. Dans la poudreuse, ce n'était pas un problème. Mais sur la glace, le pilotage devenait délicat, la chute inévitable. Le skating n'avait pas encore été imaginé et pour pratiquer le ski classique, on étalait le fart de retenue avec la paume de la main sur toute la longueur du ski. Ce n'est que dans les années 1970, avec le développement des semelles en plastique, que les zones de fart ont été raccourcies sous le pied.

Au tout début, le ski de fond
se pratiquait avec des skis
en bois.

La période « disco »

La révolution Däscher

Ce n'était probablement pas grand-chose. Mais cela a donné une nouvelle direction au futur. Dans les années 1950, Andreas Däscher a décidé de ne plus sauter les bras tendus vers l'avant mais ramenés derrière lui le long du corps. Sanctionnée au début par les juges, sa technique fut autorisée en 1958 par la Fédération internationale de ski et inscrite aux règlements. Durant trente ans, quasiment jusqu'aux Jeux d'Albertville en 1992, ce style fut adopté par tous.

Le skateur

Jusque dans les années 1980, le classique ou pas alternatif était le seul style pratiqué. C'est à la fin des années 1970, pour gagner en vitesse, que des athlètes ont imaginé une nouvelle technique : le demi-pas de patineur. Il s'agissait de sortir un ski de la trace et d'effectuer une poussée latérale. Le 5 avril 1984, à Kiruna en Suède, à l'occasion d'une compétition, des fondeurs choisirent de sortir complètement de la trace et évoluèrent alors à la manière d'un patineur sur glace. Le skating faisait ses grands débuts en public. Si les premiers skis de skate ont été mis sur le marché en 1986, les athlètes découpaient auparavant la spatule de leurs skis de classique pour évoluer en style libre.

La Fashion Week

Exit le knickers. Les chaussettes qui étranglent le mollet aussi. Bienvenue à la couleur et au fluo. Les années 1980 amorcent un virage dans l'exercice de la mode en ski nordique. Probablement influencée par la génération disco, la tendance est aux combinaisons intégrales

Le demi pas de patineur,
apparu dans les années 1980,
a donné par la suite naissance
au skating.

† Dans les années 1950, Andreas Däscher a révolutionné le saut à skis en décidant de ne plus sauter les bras tendus vers l'avant, mais ramenés derrière lui le long du corps.

et bariolées, aux motifs parfois déconcertants. Ces tenues sont même la norme. Les nations rivalisent d'ingéniosité pour marquer leurs différences. Au style très rugueux des pays de l'Est, la Suède opposera une certaine créativité dans l'exercice délicat de la géométrie, la France balançant entre ces deux univers.

← Le biathlon se pratiquait au début en style classique. C'est dans les années 1980 avec l'émergence du skating que la technique a évolué.

22, v'là la Long Rifle

De lourds fusils, souvent des armes de guerre. Des cibles positionnées à 150 mètres. Le biathlon était à l'origine un sport militaire. Il en a gardé jusque dans les années 1960-1970 une certaine identité martiale dans son exercice. La grande révolution est intervenue en 1978 quand les biathlètes sont passés de l'usage de l'arme lourde à la 22 Long Rifle, plus légère et plus maniable. C'est en 1978, lorsque son usage a été rendu obligatoire, que les règles ont évolué et les cibles ont été placées à 50 mètres.

Les modernes

V comme voler

Ils l'ont appelée la « technique du V ». C'était la manière la plus simple de l'imager. Son créateur, le sauteur suédois Jan Boklöv, l'a utilisée pour la première fois en compétition lors de l'hiver 1985. Alors que le style qui prévalait était de conserver les skis parallèles dans les airs, lui les a écartés, dessinant un V. Objet de railleries au tout début, et même pénalisé par les juges, sa conquête de la Coupe du monde en 1989 changea les regards. Il fallut tout de même attendre l'année 1992 pour que les sauteurs, dans leur majorité, adoptent ce style.

← Jan Bokløv le 30 décembre 1988. Le style en « V » a été majoritairement adopté après les JO d'Albertville quatre ans plus tard.

Ils n'auront pas la peau du classique

Certains appellent ça de la confiture. D'autres de la glue. Qu'importe le qualificatif, une chose demeure, le fart de retenue, dit « klister », utilisé quand la neige s'est transformée, colle. Aux mains comme aux vêtements. Globalement un peu partout. Pour démocratiser la pratique, dans les années 2010, les marques ont rivalisé d'ingéniosité pour créer le ski classique dit « skin ». Le principe ? À la manière du ski de randonnée, ils ont collé sur la zone de retenue une peau synthétique. Elle évite à son utilisateur de reculer et favorise la glisse à la descente, à l'inverse des skis à écailles.

Le sportif connecté

Une montre qui calcule le nombre de kilomètres parcourus et qui livre la vitesse instantanée quand on la lui demande. Un casque effilé, plaqué sur les tempes, pour écouter de la musique et téléphoner tout en glissant. Une application pour comparer ses chronos sur des segments définis. L'image n'est pas tirée d'un film de science-fiction, elle cadre le skieur nordique du XXIe siècle. Si les tenues sont revenues à une plus grande sobriété, après avoir parfois dérivé vers l'excès de couleurs et de motifs incongrus, c'est désormais le skieur qui dicte ses codes. Il est moderne et ultra-connecté.

6

Ultra—

Prendre le départ d'une course populaire, c'est entamer un voyage intime pour découvrir ses limites, savoir jusqu'où chacun peut pousser. Ça ressemble à une fable infantile mais c'est la magie de cet effort au long cours.

–fondus !

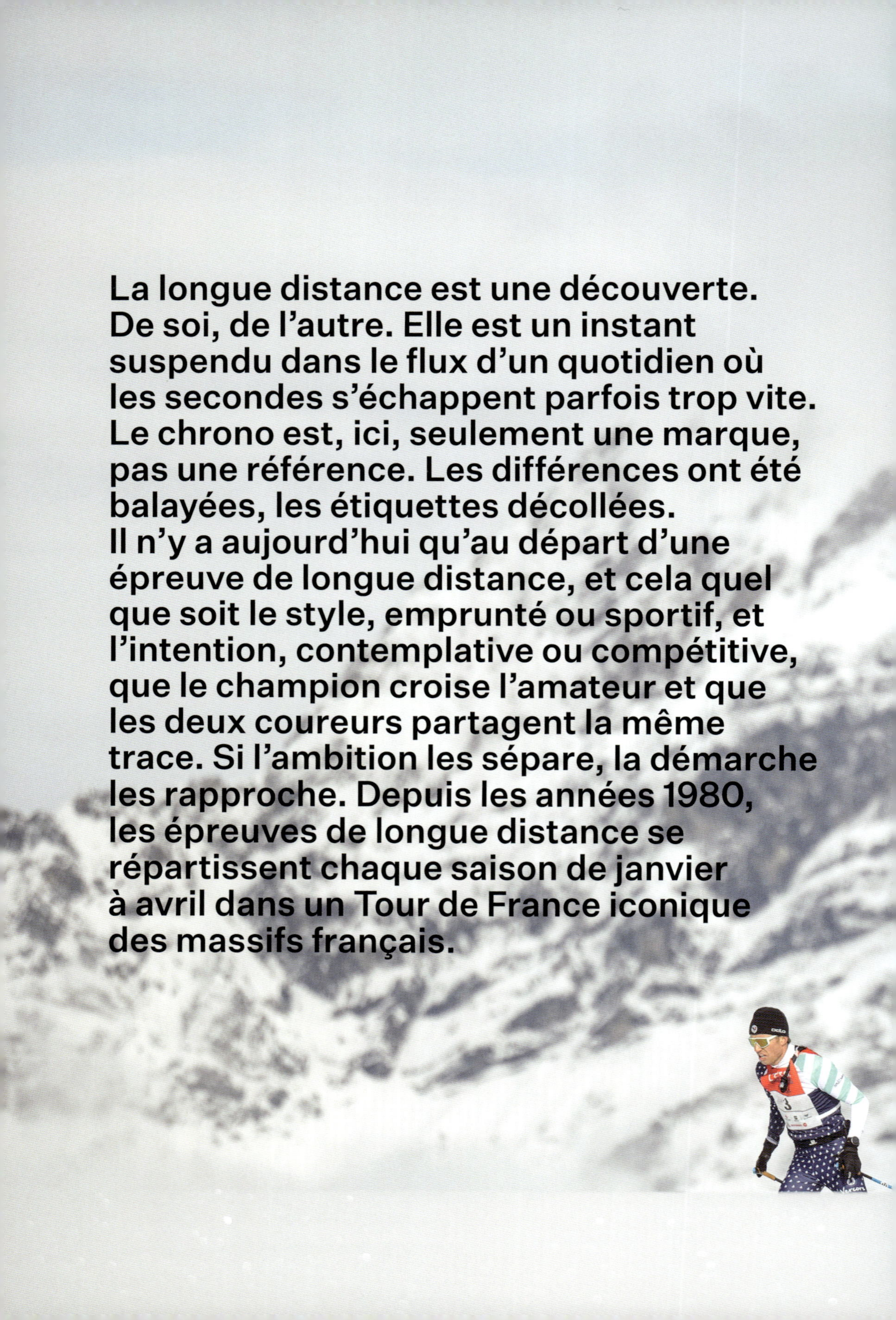

La longue distance est une découverte. De soi, de l'autre. Elle est un instant suspendu dans le flux d'un quotidien où les secondes s'échappent parfois trop vite. Le chrono est, ici, seulement une marque, pas une référence. Les différences ont été balayées, les étiquettes décollées.
Il n'y a aujourd'hui qu'au départ d'une épreuve de longue distance, et cela quel que soit le style, emprunté ou sportif, et l'intention, contemplative ou compétitive, que le champion croise l'amateur et que les deux coureurs partagent la même trace. Si l'ambition les sépare, la démarche les rapproche. Depuis les années 1980, les épreuves de longue distance se répartissent chaque saison de janvier à avril dans un Tour de France iconique des massifs français.

La Foulée Blanche
le modèle originel

La Foulée Blanche a été créée en 1979. Sa naissance est à ramener à l'organisation à Autrans, onze ans plus tôt, des épreuves nordiques (ski de fond, combiné nordique, saut et biathlon) des Jeux olympiques d'hiver de Grenoble. Sans ce destin olympique, le domaine nordique d'Autrans, situé à l'extrémité nord du massif du Vercors, n'aurait probablement pas été imagé comme le berceau du ski de fond français. La Foulée Blanche est le prolongement naturel de cet héritage olympique. De 3 240 inscrits pour la première édition, elle a réuni, en 1987, 17 801 fondeurs. Un record...

Depuis, chaque hiver, à la fin du mois de janvier, elle se décline à la fois pour les enfants et les compétiteurs. Dans sa version marathon, disputée en style libre, le parcours se hisse sur le plateau de Gève pour serpenter ensuite dans la plaine séparant Autrans et Méaudre, le village voisin.

La Transjurassienne
l’internationale

À sa création, en 1979, la Transjurassienne s’appelait Progressime. Portée par la passion de deux hommes, Jacky Mandrillon, journaliste au quotidien régional *Le Progrès*, et Georges Berthet, président du comité régional de ski du Jura, qui fut l’un des quatre médaillés de bronze de la patrouille militaire des Jeux olympiques de 1924, elle traduisait la volonté de réunir sur une même épreuve, skieurs amateurs et coureurs élites, le temps d’une traversée des montagnes du Jura. Elle ne s’est jamais écartée de son idée originelle, invitant tous les hivers au mois de février des fondeurs du monde entier à découvrir dans une ambiance chaleureuse et fraternelle le massif jurassien.

Sur près de 76 kilomètres, entre Lamoura et Mouthe, les coureurs traversent successivement villages, clairières et vallons dans le plus pur esprit nordique. Reconnue mondialement, la Transjurassienne a été à plusieurs reprises support d’étapes de Coupe du monde. Elle se décline aussi en style classique.

Marathon de Bessans
la populaire

C'est peut-être parce que la Foulée Blanche et la Transjurassienne avaient ouvert une brèche. Ou juste parce que le ski nordique connaissait un essor fulgurant. Les raisons sont plurielles mais la première édition du Marathon de Bessans, qui s'est déroulée le 13 janvier 1980, est à mettre en relation avec un contexte et une époque où la pratique du ski nordique recueillait tous les plébiscites.

Imaginée par le foyer de ski de fond, et appuyée par la municipalité, l'épreuve, qui se déroulait à ses débuts uniquement en style classique sur la distance marathon (42 kilomètres), vit le jour sous le nom de « Challenge de la Distance » pour devenir un an plus tard le « Grand Prix de Bessans ». Les années ont affiné les traits et offert à la compétition ses lettres de noblesse, prenant l'appellation de Marathon de Bessans et disputée désormais en style classique et libre avec l'avènement du skating. Elle est chaque année, en janvier, le premier rendez-vous majeur des adeptes de la longue distance.

Étoile des Saisies
l'Olympique

À l'origine, le ski de fond n'était peut-être pas une évidence aux Saisies. La passion d'une poignée d'hommes dans les années 1970 et la perspective de l'organisation des épreuves de ski de fond et de biathlon dans la station savoyarde à l'occasion des Jeux olympiques d'Albertville en 1992 ont changé l'histoire. Devenu l'un des sites de référence en France, Les Saisies se sont naturellement tournées dans l'élan des Jeux, en 1994, vers l'organisation d'une épreuve ouverte à tous les skieurs : l'Étoile des Saisies. À l'image de ses aînées, elle se déroule sur 42 kilomètres en style libre.

Sur ses pistes, qui ont fait et défait des destins olympiques, chaque saison, avant que le rideau ne tombe sur l'hiver, les fondeurs viennent des quatre coins de France pour se mesurer, sur deux tours du domaine, une dernière fois avant d'imaginer l'aventure qui viendra après.

Marathon du Forez
la contemplative

Les années 1980 étaient disco. Elles ont été également nordiques. Entre l'apparition du skating et la diffusion au journal télévisé des succès de Jean-Paul Pierrat, le grand public s'est dans un même élan rué vers les domaines nordiques. Les stations de sports d'hiver ont suivi, aidées par l'apparition du skating. Et chacune a souhaité faire la promotion de ses pistes en les ouvrant aux compétiteurs, la découverte de la longue distance étant devenue un atout de communication : la Foulée Blanche dans le Vercors et la Transjurassienne au cœur du Jura en 1979, le Marathon de Bessans l'hiver d'après en Savoie et le Marathon du Forez en 1981.

Depuis, chaque mois de février à Prabouré, une des trois portes d'entrée du Domaine Nordique des Crêtes du Forez, les fondeurs se retrouvent pour une découverte unique en skating des plateaux du Massif central.

NTN
12

Marathon des Glières
la commémorative

La Vasaloppet en Suède ou la Birkebeinerrennet en Norvège célèbrent chacune un acte fondateur de la nation. La création du Marathon des Glières en 1984 initie la même démarche où le sport se veut un relais de l'histoire d'un pays. L'épreuve populaire haut-savoyarde a été imaginée pour commémorer la bataille des Glières de 1944. Durant la Seconde Guerre mondiale, le plateau des Glières avait été un haut lieu de la résistance à l'occupation allemande. Le départ et l'arrivée de la course se situent à proximité du monument national, érigé en 1973 et qui rend hommage à l'action du maquis des Glières.

Le Marathon des Glières, disputé en style libre, est un voyage dans l'histoire et une incursion au cœur d'un territoire sauvage préservé, alternant entre forêts et plateaux.

Dessine-moi

7

un pas de tir

Les cibles ont un diamètre de 45 mm pour le tir couché et de 115 mm pour le tir debout.

Retracer la naissance des stades de biathlon en France, c'est glisser à contre-courant de l'Histoire. Il faut rembobiner le film des succès de la génération Martin Fourcade. Ne pas s'attarder trop longtemps sur les Jeux olympiques d'Albertville en 1992 et la première médaille d'or de l'histoire de la discipline. Pousser un peu plus loin encore. Imaginer que tout au long des années 1980 et le début de la décennie suivante, les Français s'entraînaient parfois sur un parking, bien souvent dans des champs après avoir demandé l'autorisation d'y installer un pas de tir de fortune. C'est se rappeler qu'aux Jeux olympiques de 1968 à Grenoble, tous les tirs se pratiquaient à l'arme de guerre à 150 mètres et pas à la 22 Long Rifle et 50 mètres comme aujourd'hui. C'est aussi se souvenir qu'au tout début le biathlon était un sport pratiqué dans les bataillons de montagne.

Il était simplement une époque où envisager la pratique du biathlon en France ne se révélait pas aussi simple qu'aujourd'hui.

L'explosion sportive des années 1990 et médiatique des années 2000 a offert du relief et de la perspective à la discipline. Des pas de tir ont alors fleuri dans les massifs français. L'apparition de nouvelles infrastructures a accompagné la progression de l'équipe de France et favorisé l'éclosion d'une culture biathlon. Aujourd'hui, chaque territoire nordique dispose d'un stade de biathlon. Certains l'ont modernisé en le dotant d'une piste de ski-roues, ou ski à roulettes, dans l'optique d'une pratique quatre saisons. Ces stades sont des sites d'entraînement pour les athlètes et un lieu de découverte et d'apprentissage pour les plus curieux.

La discipline n'est désormais plus l'apanage d'une minorité mais du plus grand nombre.

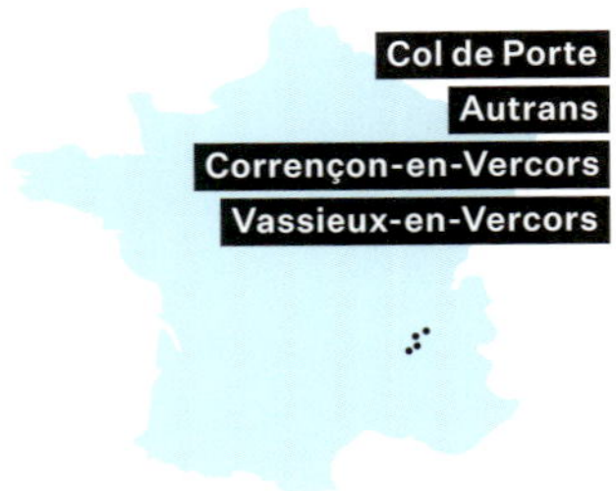

Dauphiné

↑ Installé à proximité du village lors des JO 1968, le pas de tir d'Autrans est désormais situé sur le plateau de Gève, au cœur du domaine nordique.

En 1968, Autrans était le théâtre des épreuves olympiques de biathlon. Du pas de tir de ces dernières, situé à proximité du centre du village, il ne reste aujourd'hui que des traces recouvertes par la nature. Le stade de biathlon est maintenant situé sur le plateau de Gève, en amont du village. Depuis 2021, il porte le nom de David Moretti, entraîneur puis directeur des équipes de France de biathlon de 1978 à 1994. Le Vercors a toujours entretenu un lien étroit avec la discipline, qui fait partie de la culture locale. À Corrençon-en-Vercors, aux portes de la Réserve des Hauts-Plateaux du Vercors, a été implanté un pas de tir de 25 cibles à 50 mètres. En 2014, la communauté de communes du massif du Vercors l'a doté d'une piste de ski-roues sécurisée de 7,5 kilomètres. Plus au sud, dans la Drôme, à Vassieux-en-Vercors, existe le stade Raphaël Poirée. En Chartreuse, le col de Porte est également équipé d'un pas de tir et d'une piste de ski-roues.

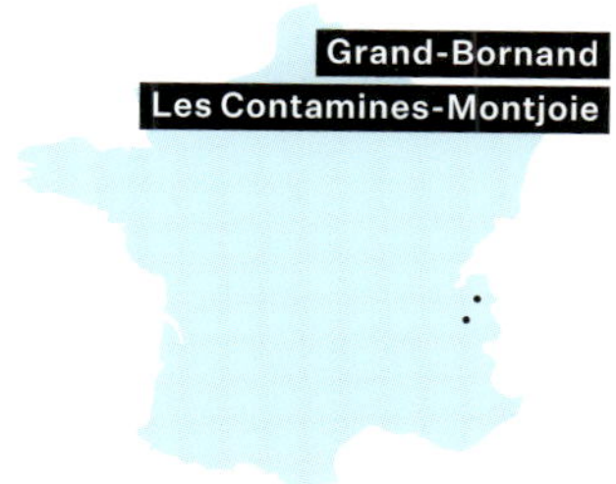

Haute-Savoie

← Le stade de biathlon des Contamines-Montjoie a été mis en place en 1991.

C'est au Grand-Bornand en 1995 que se sont tenus les premiers championnats d'Europe de biathlon de l'histoire. C'est encore dans la station des Aravis qu'en 2013 a été organisée, hors Jeux olympiques, la première Coupe du monde de biathlon en France. Alors que les championnats d'Europe s'étaient déroulés dans la vallée du Bouchet, située à la sortie du village, la Coupe du monde a lieu dans son centre. Référence du calendrier international, Le Grand-Bornand le doit à son ambiance - 20 000 supporters en moyenne par jour de course - et la particularité de son site, le seul « stade non-permanent » de la Coupe du monde. Les Contamines-Montjoie dispose aussi d'un stade de biathlon. Il a été mis en place en 1991 pour l'armée britannique. Devenu stade permanent à la fin des années 1990, il accueille chaque hiver des compétitions nationales et tout au long de l'année les jeunes pousses du Comité de ski du Mont-Blanc. Depuis 2019, il abrite également une piste de rollerski.

odlo
somfy
VIESMANN
mgen
CAISSE D'EPARGNE

Savoie

Tout a débuté aux Saisies avec l'organisation en 1992 des épreuves de biathlon lors des Jeux olympiques d'Albertville. La dynamique olympique a poussé des projets qui étaient destinés à accompagner le développement de la discipline. À la fin des années 1990, Bessans s'est doté d'un stade permanent. Il y avait derrière cette construction l'ambition d'organiser une Coupe du monde et d'accueillir des championnats du monde. Si la Coupe du monde a pris une autre direction, le stade est devenu un site d'entraînement pour les équipes nationales. La réussite sportive des Bleus du biathlon dans les années 2000 a attiré l'attention des collectivités locales qui ont découvert dans l'exercice de la discipline un outil de promotion du territoire. En 2015, La Féclaz a inauguré son stade, baptisé « Alexis Bœuf », du nom de l'enfant du pays, triple médaillé mondial en relais.

← Justine Braisaz (au premier plan) et Julia Simon, purs produits du Club des Saisies, s'entraînent sur le pas de tir de leur station qui a accueilli en 1992 les épreuves de biathlon des JO d'Albertville.

Montagnes du Jura

↑ Le stade de biathlon des Tuffes à Prémanon est le centre national d'entraînement des équipes de France.

C'est dans les années 2000 qu'ont commencé à bourgeonner dans les massifs des projets de création de pas de tir. Ce n'est pas un hasard si la majorité des stades de biathlon existant aujourd'hui dans les montagnes du Jura ont fleuri durant cette période. Le stade des Tuffes à Prémanon a connu entre la fin des années 1990 et les années 2000 plusieurs phases d'aménagement. Depuis 2013, il dispose d'une piste de ski-roues et d'un pas de tir de trente cibles électroniques. En 2009, dans le Doubs, a été inauguré le stade d'Arçon, baptisé « Florence Baverel », en l'honneur de la championne olympique de sprint 2006. Sur la même période, des travaux ont été entrepris pour moderniser et mettre aux normes, sur la commune des Hôpitaux-Vieux, le site de la Seigne, l'un des tout premiers en France. La volonté était d'accompagner les athlètes locaux dans leur démarche de recherche de la performance et de permettre aux plus jeunes d'accéder à la discipline. Un souhait partagé également après 2010 sur les sites des Plans d'Hotonnes et d'Hauteville dans l'Ain.

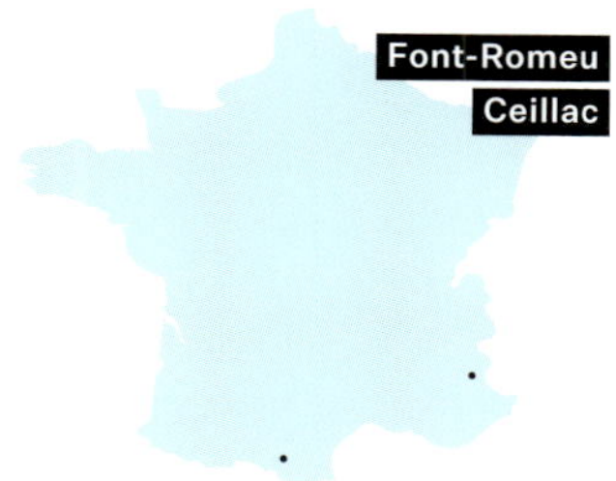

Pyrénées & Hautes-Alpes

La création de stades de biathlon à Font-Romeu dans les Pyrénées et à Ceillac dans les Hautes-Alpes répond à deux logiques qui résument globalement le cœur de l'ensemble des projets menés depuis les années 1990 dans les massifs français.

À Font-Romeu, le stade « Germans Fourcade », en hommage à Martin et Simon Fourcade qui ont débuté le biathlon dans la station pyrénéenne, inauguré en 2012 et disposant de dix-huit cibles, vient compléter l'offre sportive du Centre national d'entraînement. Même s'il bénéficie aussi à l'apprentissage de la discipline, il est d'abord un outil mis à la disposition des équipes nationales, clubs et comités.

Inauguré à l'aube de la saison 2023-2024, le stade de biathlon de Ceillac s'inscrit dans une stratégie de diversification et de transition touristique avec un projet quatre saisons. Jusqu'à sa création, il n'existait pas de stade de biathlon sur le département des Hautes-Alpes.

Au tout début,
l'Homme a glissé.
Pour se déplacer.
Pour chasser aussi.

Très vite,
il a appris à sauter.

8

Le rêve d'Icare

Le tout premier à s'envoler a été le Norvégien Sondre Norheim. Une pente enneigée, un rocher pour tremplin, et sa silhouette qui décolle pour atterrir trente mètres plus loin. Deux ans plus tard, à Trysil en Norvège, était organisé le premier concours de saut spécial. L'Histoire se raccroche à des tranches de vie confuses ou originales mais chacune d'elles dicte la suite. Ces deux instants ont initié tout ce qui a suivi. En France, au début du xxe siècle, le saut à skis est aussi devenu une habitude et une tradition. Dans les années 1950, pour prétendre au titre de station de ski, il fallait bien souvent posséder un tremplin. Mais le levier a été avant tout olympique. L'organisation des Jeux olympiques en 1924 à Chamonix, en 1968 à Grenoble et en 1992 à Albertville a offert un nouvel espace d'expression que la passion des Hommes a depuis entretenu.

Chamonix

Tout n'a pas commencé à Chamonix mais c'est au pied du mont Blanc, en 1924, que l'Histoire a pris sens. Les premiers Jeux olympiques d'hiver se sont tenus à Chamonix. Le premier concours de saut olympique a été disputé sur le tremplin du Mont au cœur du hameau des Bossons dans la vallée de Chamonix qui comptait alors dix tremplins et revendiquait le titre de « Mecque » de la discipline. Jusqu'à la fin des années 1990, le tremplin du Mont va être tour à tour le théâtre des championnats du monde de saut et combiné nordique (1937), de l'Universiade d'hiver (1960) et de Coupes du monde de saut, la dernière ayant été disputée en 1998. S'il est aujourd'hui plus grand qu'au siècle dernier, le tremplin du Mont n'est plus utilisé. Les jeunes Chamoniards s'entraînent désormais sur le tremplin du Grépon.

Autrans

C'est en 1911 que le premier concours de saut a été organisé à Autrans. Choisie pour accueillir en 1968 les épreuves de combiné nordique des Jeux olympiques de Grenoble, la station du plateau du Vercors a fait de cette tradition une identité forte. Installé sur la montagne du Claret, qui domine le village, le site olympique, sorti de terre en 1967, a nécessité trois années de travaux. En dehors d'une Coupe du monde de combiné nordique dans les années 1980, les tremplins n'ont jamais accueilli d'événements internationaux majeurs. Le tremplin de 70 mètres n'est plus utilisé aujourd'hui. Remis aux normes en 2023, grâce à une collecte de dons soutenue par d'anciens champions, le tremplin de 60 mètres abrite les entraînements des enfants d'Autrans et du Comité du Dauphiné et accueille, été comme hiver, des épreuves du circuit national.

Courchevel

Le temps efface les traces. Pas les souvenirs. Le saut à skis à Courchevel existait avant que la station ne devienne le théâtre des épreuves de saut spécial et combiné nordique des Jeux olympiques en 1992. Dans la période d'après-guerre, on sautait au Praz sur un tremplin en bois. Directeur de la station de 1954 à 1964, Émile Allais avait intégré le saut dans la préparation du ski alpin. Jusque dans les années 1980, deux tremplins, l'un de 25 mètres et l'autre de 50 mètres, étaient utilisés à Courchevel 1850. C'est en 1990, dans la perspective des JO 1992, que les tremplins du Praz ont été construits. La mairie de Courchevel s'est appliquée par la suite à pérenniser cet héritage olympique en le modernisant. Équipés d'un revêtement synthétique, le petit et le grand tremplin accueillent chaque année des Coupes du monde estivales.

Chaux-Neuve

Chaux-Neuve est un petit village. Une rue, quelques commerces. Un peu plus de trois cents habitants et cinq tremplins de saut à skis. Trois petits et deux plus grands. On saute ici depuis le début du

XXe siècle. C'est culturel, identitaire même. Construit dans l'optique des championnats du monde juniors de ski nordique 1990, le stade de la Côte Feuillée a accueilli dès 1996 des Coupes du monde de combiné nordique. Sylvain Guillaume et Fabrice Guy, les voisins de Foncine-le-Haut et Mouthe, y ont croisé le fer avec les Allemands, les Norvégiens et les Autrichiens. Comme la bande à Jason Lamy-Chappuis plus tard. Allongé à 118 mètres en 2010, le grand tremplin est régulièrement le théâtre des étapes de la Coupe du monde de combiné nordique. À Prémanon, le tremplin du stade des Tuffes, un 90 mètres, plastifié l'été, sert aux entraînements des combinés et sauteurs spéciaux du Centre national d'entraînement de Prémanon ainsi que pour des compétitions.

Gérardmer

L'histoire du saut à skis en France appartient aux massifs de moyenne montagne. Le Vercors, le Jura, les Vosges. Des territoires et des villages, devenus des stations de sports d'hiver. Gérardmer fait partie de celles-ci. Elle a toujours entretenu une tradition importante avec la discipline. Dès le début du XXe siècle, les premiers tremplins y ont été construits. Ils s'appelaient « la Grange Paveleuse » et « le Biasot ». Ils ont nourri l'imaginaire des enfants. Hier, Gilbert Poirot, porte-drapeau de la délégation française aux JO 1968. Aujourd'hui, Maxime Laheurte, champion du monde par équipes de combiné nordique en 2013, ou Antoine Gérard et Julia Clair. Depuis 2009, la relève s'entraîne sur le tremplin des Bas-Rupts (K65) qui accueille en toute saison des manches du circuit national. ●

Voler, n’est-ce pas un rêve intime que chacun cultive ?

Le rêve de l’Homme n’est-il pas de s’imaginer oiseau ? C’est cet instant suspendu entre ciel et terre que les sauteurs à skis recherchent.

3

La France du nordique ⑨

est, tout à la fois, plurielle, contrastée, sauvage… Lui donner corps, c'est mettre des formes et de la couleur pour rendre visible l'invisible.

Comment Antoine de Saint-Exupéry l'aurait-il imaginée si son Petit Prince lui avait dit « s'il vous plaît… Dessinez-moi le ski nordique en France » ? Il aurait probablement dessiné un pays de montagnes. Des toutes petites et des très hautes. Des rondes et des pointues. Des clairières et des vallons pour glisser au soleil, des forêts pour s'isoler et se perdre pour mieux se retrouver.

Des Pyrénées aux Vosges, du Massif central aux montagnes du Jura, en passant par le Dauphiné et les deux Savoie, il n'y a pas une façon d'explorer le ski nordique en France. Chaque territoire a su s'accouder à son histoire, son identité profonde, pour faire de chaque pratique à la fois un voyage, une découverte et une expérience.

← Le domaine nordique de Cervières, au pied du col d'Izoard.

Il est impossible de hiérarchiser ce qui est différent et c'est exactement ce qui fait la richesse de la pratique du ski nordique en France, c'est que rien ne se ressemble.

Montagnes du Jura

« Le dimanche dans le massif jurassien, les églises sont vides, les pistes pleines. » C'est un trait d'humour. Il est de Vincent Defrasne, champion olympique de biathlon en 2006, et natif de Pontarlier dans le Doubs. Si ses mots prêtent à rire, ils ne sont pas tant éloignés de la vérité. Dans les montagnes du Jura, la pratique des activités nordiques a - quasiment - été élevée au rang de religion. Jusque dans les années 1980, le facteur, dans certaines parties du massif, distribuait encore le courrier à skis de fond. C'était normal. C'était une habitude.

Dans l'immensité de cette terre, qui s'étire sur près de 340 kilomètres, le ski nordique se vit au long cours : 3000 kilomètres de pistes damées qui relient les clochers entre eux. Lamoura, Les Rousses, Bois-d'Amont, Chapelle-des-Bois, Mouthe...
Sur ces terres froides, qui voisinent avec la Suisse, chacun a au moins une fois chaussé des skis de fond, sauté sur un tremplin ou posé son œil dans la lunette d'une carabine pour tenter de faire tomber cinq cibles.
Culturel, le ski nordique dans les montagnes du Jura tient aussi de la géographie des lieux. Recouvertes de neige en hiver, combes, clairières et forêts offrent au massif un air de petite Scandinavie et un terrain de jeu parfait pour glisser.

XAVIER THÉVENARD
• TRIPLE VAINQUEUR DE L'UTMB & ANCIEN MEMBRE DES ÉQUIPES DE FRANCE DE BIATHLON

« Le ski nordique dans les montagnes du Jura, c'est un peu toute ma vie. J'ai passé mon enfance sur le plateau de Retord qui est situé au sud du massif. Je me suis construit au cœur de ce territoire de moyenne montagne, l'été à pied et l'hiver sur des skis de fond. C'est là, l'hiver, que j'ai découvert ce qu'était une aventure. Plus jeune, je partais avec mes skis et mes bâtons autour de la maison. J'ai appris le goût de l'effort. Et, un jour, en regardant une carte, je me suis dit que je pouvais aller au village d'après en skis. C'est ce que j'ai fait. Puis j'ai poussé au suivant. D'un seul coup, tu te rends compte que tu peux aller partout et ça juste avec des skis aux pieds. À la fin, tu boucles la Grande Traversée du Jura qui relie les domaines entre eux. C'est l'extase. Ici, le ski de fond est culturel. Il suffit d'aller sur un événement de ski nordique pour ressentir l'amour des habitants pour cette discipline. »

LOU JEANMONNOT
• CHAMPIONNE DU MONDE DE RELAIS DAMES DE BIATHLON 2024

« Le ski nordique est le sport numéro un dans la région. Le ski alpin existe mais ce n'est pas aussi développé. C'est une activité que beaucoup de gens pratiquent et qui réunit aussi la semaine ou le week-end sur les pistes ou lors des compétitions. J'ai commencé parce que j'aimais le ski mais également car c'était un moment où je retrouvais toutes mes amies en dehors de l'école. Vu qu'il y a beaucoup de pratiquants, tout est fait pour que ce sport soit bien développé. Dans les montagnes du Jura, on a accès à de nombreux domaines dans des lieux différents et des paysages très variés. Il existe entre autres la Grande Traversée du Jura qui relie tous les sites entre eux. On ne retrouve pas ce genre de pistes ailleurs sauf en Norvège, pays où le ski nordique est le sport national. »

← À cheval entre la France et l'Espagne, le Somport, situé à 1 600 m, est une station transfrontalière au cœur du parc national des Pyrénées.

Pyrénées

Quand on déplie une carte, on ne perçoit pas tout de suite les Pyrénées comme une terre nordique. Manque d'imagination ? Peut-être. Une image trop alpine de la pratique nordique ? Probablement aussi.
C'est parce que de la France à l'Espagne, de la Méditerranée à l'Atlantique, les montagnes pyrénéennes se partagent entre nature sauvage et stations de ski modernes que le ski nordique y est différent et se vit autrement. Les Pyrénées comptent quatorze stations de ski de fond et espaces nordiques. Le plateau de Beille, situé en Ariège, offre sur ses 40 kilomètres de pistes tracées un paysage unique ouvert à 360 degrés sur l'une des plus belles chaînes de montagne du pays.
Plus à l'est, Font-Romeu, terre d'élection de Martin Fourcade, quintuple champion olympique de biathlon, et de son grand frère Simon, ainsi que la station du Capcir, nichée au cœur des Pyrénées catalanes, ont tracé dans les replis de leurs reliefs des pistes à l'accent nordique à la fois ludiques et pour toute la famille. L'aventure est, ici, plurielle.

MARIE-LAURE BRUNET
• MÉDAILLÉE OLYMPIQUE & MONDIALE EN BIATHLON

« Les Pyrénées sont un très grand massif. Il est aussi tout en longueur. Ici, la culture nordique est très forte. Il y a toujours eu des clubs de ski nordique et ils sont tous très impliqués car, à l'inverse des Alpes, la pratique est plus complexe, en raison des distances à parcourir pour pouvoir skier. C'est pour ces raisons que les pratiquants de ski nordique dans les Pyrénées vouent une vraie passion à ce sport. Quand j'étais jeune, mes parents devaient prendre la voiture pour m'emmener skier dans le Val d'Azun. C'était une heure et demie de transport. Le décor est magnifique avec un univers sauvage en pleine nature. Et puis, rien ne se ressemble. Chaque domaine a ses particularités et c'est ce qui fait la richesse de l'activité dans les montagnes de mon enfance. »

Le plateau de Beille offre →
un paysage à 360° sur les
montagnes environnantes.

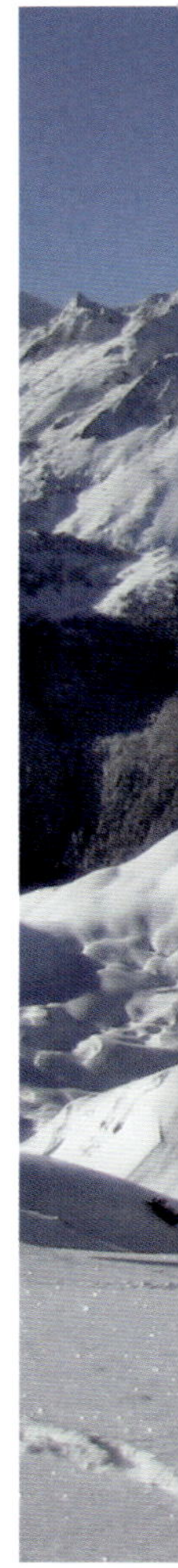

SIMON FOURCADE
• VICE-CHAMPION DU MONDE DE BIATHLON

« Avec mon frère Martin, on vient des Pyrénées orientales. Il n'y a pas de gros domaines nordiques dans ce secteur. La plus grande station est Font-Romeu qui offre environ 80 kilomètres de pistes. Même si ce n'est pas immense, on peut en revanche se déplacer facilement de station en station et tout ça dans des zones géographiques restreintes. Alors que dans les Alpes, des stations voisines se ressemblent parfois, ici, ce n'est pas le cas. Chacun de ces domaines comporte sa spécificité. On va rencontrer à la fois des domaines très dégagés ou complètement en forêt. La végétation est aussi variée. Très rase à Font-Romeu ou ailleurs où l'on atteint les 2300 mètres d'altitude. Dans d'autres lieux, on va trouver des massifs de granit et des forêts d'épineux. C'est cette diversité qui fait l'identité du ski nordique dans les Pyrénées orientales. On peut également pratiquer le ski de randonnée nordique sur de beaux plateaux et même parfois skier sur des lacs gelés. »

DKB
4
DKB
59

Vosges

On a tendance à confondre les Vosges et les montagnes du Jura. Rien d'anormal tant les similitudes sont à la fois géographiques et culturelles. Le ski nordique appartient à l'histoire du massif des Vosges. Ses pistes, ses tremplins, ses champions - Jean-Paul Pierrat en ski de fond, Gilbert Poirot en saut, Yvon Mougel en biathlon - ont participé à la renommée des activités nordiques en France.
Territoire de moyenne montagne, il est idéalement taillé pour la pratique du ski nordique. Le parcourir, c'est goûter à tous les ingrédients qui font l'intérêt d'une activité nordique.
Au Markstein Grand-Ballon, le ski sera contemplatif, un regard sur la plaine d'Alsace, la Forêt-Noire et les Alpes. Sur le domaine du Champ du Feu, sur près de 90 kilomètres de pistes damées, ou à La Bresse Lispach, entre forêts, lacs, tourbières et plateaux d'altitude, il sera itinérant pour une expédition en pleine nature. À Gérardmer, le skieur découvrira un territoire taillé pour la compétition.

...

« Qu'importe le contenu, le plaisir reste roi. »

Le domaine nordique →
du Champ du Feu à Belmont,
le plus vaste du Bas-Rhin,
propose 100 km de pistes.

↑ Aux premières lueurs du jour, le domaine skiable de La Schlucht, aux Trois-Fours, se découvre aux skieurs qui glissent silencieusement.

DELPHINE CLAUDEL

• PREMIÈRE FRANÇAISE VAINQUEUR D'UNE COUPE DU MONDE DE SKI DE FOND

« Les Vosges sont un terrain propice pour le ski nordique. Quand tout est enneigé, il est possible de réaliser des kilomètres de ski en rejoignant les petites stations les unes après les autres, juste pour pouvoir découvrir le massif et se balader. Les pistes sont vallonnées et pas difficiles. C'est un terrain taillé pour tous, qu'on soit simple débutant ou skieur confirmé. On trouve des points de vue magnifiques par endroits, en particulier les crêtes, où par jour de beau temps, on aperçoit les Alpes.

J'ai grandi dans ce massif. Ça m'a toujours donné envie d'aller dehors et de m'amuser dans la neige. Le terrain de jeu est fabuleux et le ski de fond est la meilleure des façons de le découvrir. »

← Entre plateaux et forêts, la Route des Crêtes offre une approche contemplative du ski nordique.

↑ Une ligne parfaite sur des kilomètres en plein cœur du massif des Vosges.

XAVIER POIROT

• FORMATEUR AU CENTRE NATIONAL DE SKI NORDIQUE ET DE MOYENNE MONTAGNE

« La montagne vosgienne est un îlot de relief au milieu du Grand Est. C'est en skiant sa crête sommitale que l'on ressent cette impression. Les kilomètres s'étalent devant vos spatules, suivant cette route chargée d'histoire, qui la traverse du nord au sud sans jamais redescendre dans les vallées. Sur ces hauteurs, les forces de la nature y sont décuplées pour le meilleur et pour le pire. Si la vue porte loin, parcourez-la sans fin. Mais si le vent souffle fort et que vos bâtons sont à l'oblique, alors c'est au fond de la vallée du Chajoux qu'il faut filer. Des traces de classique y parcourent les forêts mystérieuses de sapins et de granit. Ici, tendez l'oreille, la clameur des premières Coupes du monde résonne encore ! »

Savoie

On pourrait s'y méprendre. Et pourtant, une fois de plus, le ski nordique sait tromper les apparences. Réputée pour ses stations alpines, la Savoie est un département qui se veut, lui aussi, nordique.
Aux quatre coins du territoire, ce sont une vingtaine de domaines qui accueillent petits et grands, simples contemplatifs ou amoureux des efforts au long cours. Posé en bordure du massif des Bauges, le domaine de Savoie Grand Revard, avec ses trois portes d'entrée, propose 150 kilomètres de pistes en pleine forêt dans un environnement préservé. Dans le massif voisin, au cœur du Beaufortain, Les Saisies offrent un panorama unique sur la chaîne du Mont-Blanc. Site des épreuves olympiques de ski de fond et de biathlon en 1992, il permet au skieur d'évoluer entre plateaux et forêts, parfois sur les traces des champions d'hier et les stars du XXIe siècle, les biathlètes Justine Braisaz et Julia Simon.
En Maurienne, c'est au fil de 133 kilomètres de pistes damées que le domaine nordique de Bessans invite de novembre à avril le fondeur à évoluer un œil sur la trace et l'autre sur les pics culminant à plus de 3000 mètres d'altitude.

DELPHINE PERETTO
• MÉDAILLÉE OLYMPIQUE EN BIATHLON

« La Savoie est connue pour ses stations de ski alpin, moins pour ses domaines nordiques même si des stations comme Les Saisies, La Féclaz ou Bessans sont des références en France. La majorité des sites nordiques en Savoie est située au cœur de la montagne. À l'inverse du massif du Jura ou de celui des Vosges, des hautes montagnes encerclent souvent les pistes. Les paysages sont fous comme à Nâves ou Champagny-en-Vanoise. Où que tu sois, tu contemples des hauts sommets tout autour. C'est peut-être pour ça qu'on n'a pas de purs nordiques comme dans d'autres massifs car les gens pratiquent d'autres sports d'hiver à côté, comme le ski de randonnée. D'ordinaire, tu suis la trace dans la forêt ou dans des prairies ; en Savoie, c'est différent. Bien souvent, tu en prends plein les yeux. »

↑ On accède aux 150 km de pistes du domaine de Savoie Grand Revard grâce à trois portes d'entrée.

ALEXIS BŒUF

• MÉDAILLÉ MONDIAL EN BIATHLON & CONSULTANT POUR LA CHAÎNE L'ÉQUIPE

« J'ai commencé par le ski alpin et à l'âge de 12 ans, je me suis mis au ski de fond à La Féclaz. Le terrain de jeu est extraordinaire. C'est le ski plaisir et accessible. Tu as un environnement orienté vers le ski nordique dans un décor qui ressemble à la Scandinavie. Le contact avec la nature est vraiment ressourçant. On a la chance, ici, d'avoir une forme de forêt qui fait office de "glacière géante" l'hiver. Avec peu de neige, on peut skier très longtemps. Les travaux menés pour réaménager la porte de La Féclaz avec la mise en place de production de neige de culture facilitent l'accès aux pistes et l'utilisation du stade multi-activités avec la pratique du biathlon en loisir ou en compétition. Par rapport à d'autres stations, on est sur un domaine largement accessible en termes de kilomètres et de dénivelé. Chacun, qu'il soit compétiteur ou débutant, trouvera des pistes qui lui conviendront. »

Méconnu, le domaine nordique de Nâves est l'un des plus atypiques de la Savoie. Au cœur de la Tarentaise, sur les contreforts du Beaufortain, ce sont 70 km d'itinéraires balisés en ski de fond et raquettes.

Dauphiné

Un massif et deux tendances. Le plateau du Vercors se partage entre la Drôme, au sud, qui affiche une identité très méridionale, et l'Isère, au nord, plus alpine. Cela s'entend dans l'accent et s'observe surtout dans le paysage. C'est au carrefour de ces différences que se conçoit, dans le Vercors, la pratique du ski nordique.
Au sud, des immenses forêts centenaires de feuillus et de résineux sont sillonnées par les pistes de la station de Font d'Urle / Chaud Clapier. 130 kilomètres dans le Vercors drômois. Plus au nord, Autrans-Méaudre, qui a accueilli les JO 1968, propose quant à elle 115 kilomètres de pistes. Juste à côté, en voisin, Villard-de-Lans / Corrençon-en-Vercors affiche 110 kilomètres de pistes tracées à l'extrémité nord de la Réserve naturelle nationale des Hauts-Plateaux du Vercors.
Une nature variée qui fait aussi la richesse du massif de la Chartreuse. Ses six sites nordiques, éparpillés entre le col de Porte sur les contreforts de Grenoble et le Désert d'Entremont, à proximité de Chambéry, totalisent plus de 200 kilomètres de pistes.

MARIE DORIN-HABERT
• CHAMPIONNE OLYMPIQUE & DU MONDE DE BIATHLON

« J'ai commencé le ski nordique au col du Barioz, proche de la station des 7 Laux. Cela a été une révélation pour moi car il associe le sport et la découverte de la nature. J'étais une enfant attirée par la forêt et le monde sauvage. Je pouvais aller où je voulais avec des skis aux pieds. Je faisais ma vie et ma trace. Ce n'était pas le ski comme on le connaît aujourd'hui. J'avais cette impression de liberté. Plus tard, j'ai apprécié l'effort de ce sport et je suis allée vers quelque chose de plus formel. La découverte du biathlon m'a amenée dans le Vercors. Dans ce massif, j'ai fait l'expérience d'un potentiel plus grand. J'aimais sur des séances me laisser aller, ne plus être dans la performance pure mais dans la simple promenade. »

↑ Depuis Saint-Hugues, le skieur peut rejoindre le Sappey-en-Chartreuse pour une « Traversée de la Chartreuse » contemplative.

ÉTIENNE ROLLIN
• DIRECTEUR DE L'ÉCOLE DE PORTE

« Le massif de la Chartreuse est un territoire reconnu pour la diversité et le pluralisme de ses sites nordiques. Le Désert d'Entremont, au nord, est le plus savoyard d'entre eux. C'est le seul domaine où l'on évolue dans des forêts de feuillus avec une alternance de prairies. Il y a aussi La Ruchère, moins connu mais au terrain joueur. J'ai un coup de cœur pour la montée vers les belvédères d'Arpison et des Riondettes. Le Domaine nordique de Chamechaude est le plus vaste de tous avec trois portes d'entrée (Le Sappey-en-Chartreuse, col de Porte et Saint-Hugues) et cette particularité d'être reliées entre elles pour une petite « Traversée de Chartreuse » allant du Sappey à Saint-Hugues en passant par l'alpage de l'Emeindras ou, pour les plus costauds, avec une remontée au col de Porte. C'est un peu le « spot » des Grenoblois. C'est vraiment cette diversité qui fait la richesse du massif. Rien ne se ressemble et tout s'assemble parfaitement. »

Le domaine de Gève, sur les hauteurs d'Autrans, est un terrain de jeu pour toutes les envies. Ici, skieurs confirmés et débutants partagent la même trace.

Alpes du Sud

Quand on parle du Sud, on n'imagine pas tout de suite la neige. On pense plutôt au bleu de la mer. Et quand on évoque le blanc qui recouvre les montagnes, c'est souvent pour parler de ski alpin. Pourtant, au sud, on aime et on pratique aussi le ski nordique.
La géographie des vingt-cinq domaines du territoire offre aux skieurs une pratique aux multiples facettes. Au nord, du Parc national des Écrins, avec une incursion par la vallée de la Clarée et l'Izoard jusqu'au Parc naturel régional du Queyras, c'est une succession de paysages alpins. Ici, le skieur progresse aux confins des domaines d'altitude. Dans l'Ubaye, entre Alpes et Provence, sous la chaleur des rayons d'un soleil méditerranéen, le ski se veut sauvage. Plus au sud, des forêts de mélèzes de Ratéry aux grands plateaux de La Colle-Saint-Michel, le Haut-Verdon et la vallée de la Blanche appellent à la découverte des grands espaces. Et quand la Méditerranée se découpe à l'horizon, les Alpes-Maritimes offrent plus de 150 km de pistes tracées. Une immersion en pleine nature pour skieurs débutants et confirmés.

RICHARD JOUVE
• VAINQUEUR DE LA COUPE DU MONDE DE SPRINT DE SKI DE FOND

« On a la chance d'avoir assez tôt dans l'hiver de la neige, en particulier dans les stations d'altitude. Dans le Briançonnais, nous sommes habitués au soleil et généralement, c'est agréable de skier dans de bonnes conditions de neige et sous une météo magnifique. Je crois que la particularité des Hautes-Alpes est géographique. Certains de nos domaines sont reculés. Je pense à la vallée des Fonts de Cervières vers le col de l'Izoard. La route n'est pas damée pendant l'hiver et quand les sites ferment, ce domaine ouvre. C'est un lieu d'exception où l'on peut profiter de la nature et d'un domaine qui n'est pas toujours accessible à skis. C'est aussi le cas de la haute vallée sur les hauteurs de Névache. C'est vraiment plaisant de changer de site facilement dans l'hiver et de pouvoir bénéficier de nombreuses possibilités. »

↑ À proximité du massif des Cerces, dans la haute vallée de la Clarée, le domaine nordique de Névache propose 45 km de pistes pour tous.

MARINE MICHEL
• PRÉSIDENTE DE NORDIC FRANCE

« Dans les Hautes-Alpes, l'aspect sauvage est ce qui ressort avant tout dans la pratique de l'activité. Dans l'ensemble du département, on fonctionne en vallées. Les pistes sont tracées en forêt et éloignées des centres de village. Bien souvent, on s'enfonce dans ces vallées et pour revenir, il faut faire demi-tour. C'est vraiment particulier et riche. On est avant tout dans la contemplation. Depuis Gap, on accède à la vallée du Champsaur ou au Queyras qui est un Parc naturel régional. Ces deux régions sont très différentes par leurs paysages et leurs altitudes. On remarque que les pratiquants prennent un forfait sur un site mais apprécient de skier sur l'ensemble du territoire. »

« Les Alpes du Sud, c'est une glisse plurielle & vagabonde. »

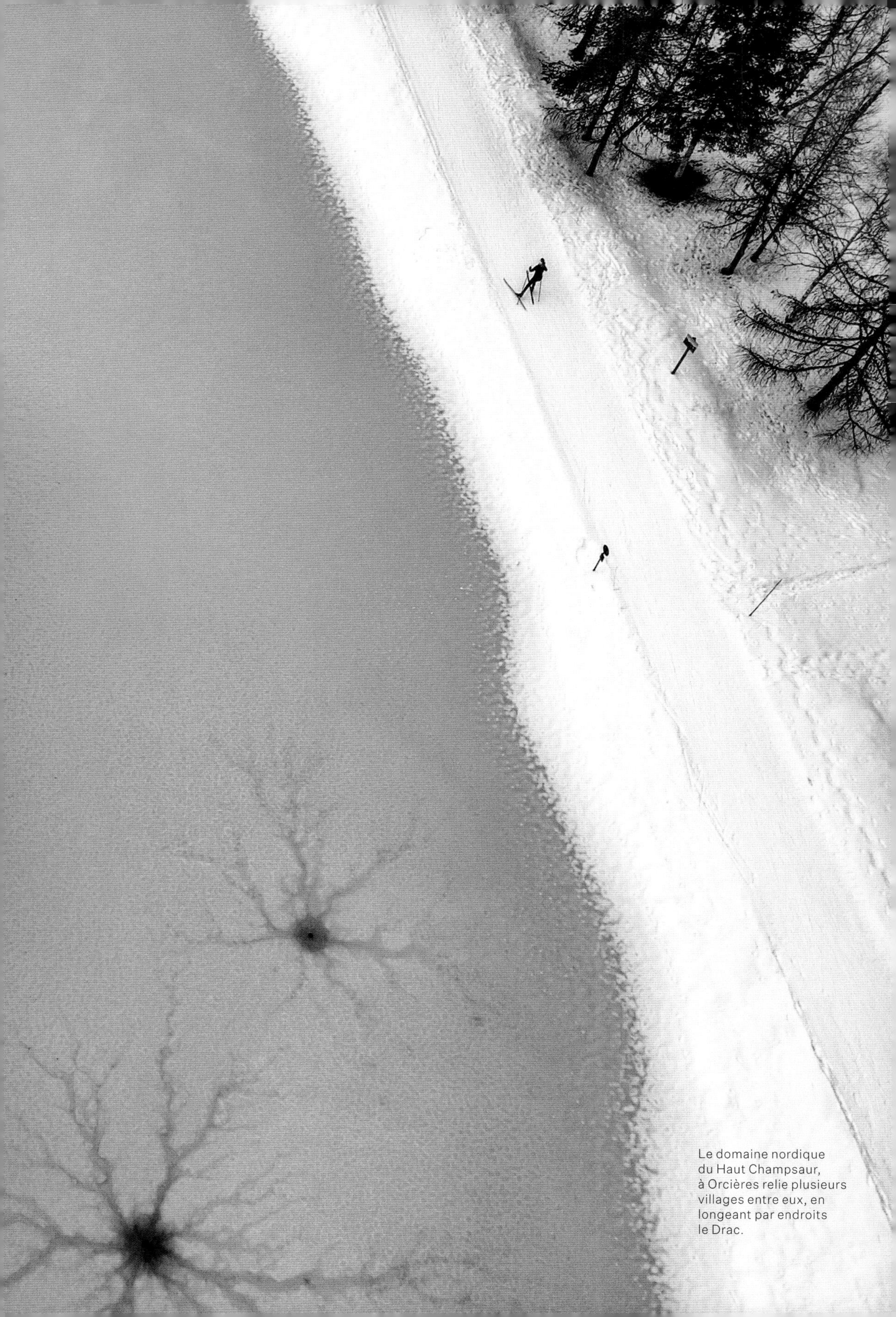

Le domaine nordique
du Haut Champsaur,
à Orcières relie plusieurs
villages entre eux, en
longeant par endroits
le Drac.

Le domaine des Confins
à La Clusaz offre une vue
unique sur le massif des
Aravis.

Pays du Mont-Blanc

Il faut tout de suite évacuer les idées reçues. Ce n'est pas parce que les montagnes sont abruptes et tutoient le ciel qu'il n'y a pas de place pour autre chose que l'alpinisme ou le ski alpin. Et c'est bien là que réside l'originalité du ski nordique en Haute-Savoie. À chaque lieu sa pratique. À chaque site son envie.
L'instant se veut sauvage sur le plateau des Glières. Sur des pistes tracées dans les creux et contreforts d'un domaine ouvert sur les massifs voisins, et sans traces de remontées mécaniques, skier invite à l'exploration. Plus loin, la découverte est plus alpine. Au Grand-Bornand et à La Clusaz, ou encore sur le plateau de Beauregard, les pistes s'étirent au pied de la chaîne des Aravis, qui impose sa majesté dans une autre évidence de l'esprit nordique.
Le long du Chablais qui se partage entre France et Suisse, sur le plateau des Moises et au cœur du massif des Brasses, l'ambiance est plus douce. Ici, la nature redéfinit le temps. Tout au nord, là où la montagne se vit verticalement, le fondeur glisse sereinement, le mont Blanc à portée de spatules.
Solaison, Agy, Joux Plane, Les Contamines : le Pays du Mont-Blanc réunit vingt-cinq domaines et autant de façons différentes de vivre une expérience nordique.

Pas de remontées mécaniques, quelques maisons... Simplement. Le domaine nordique du plateau de Solaison est une parenthèse contemplative pour le skieur. →

CLÉMENT PARISSE
• MÉDAILLÉ MONDIAL ET OLYMPIQUE EN SKI DE FOND

« En Haute-Savoie en général, et encore plus vers Chamonix ou Megève, ce ne sont pas des villages de pure tradition nordique comme ailleurs en France. Il y a pourtant de belles choses à faire. À Chamonix, on est au pied du mont Blanc et de ce massif emblématique. C'est un site facile en fond de vallée au bord d'une rivière avec une vue sur les aiguilles qui dominent Chamonix, comme les Drus ou la Verte. On est cependant à 1000 mètres d'altitude et, en repli, il y a le Prarion au-dessus des Houches. C'est atypique. On s'y rend par les remontées mécaniques de ski alpin. C'est un petit plateau, presque à la base des premières pentes alpines du massif. La vue est magnifique et lointaine. Du côté de Megève, c'est différent. On évolue dans un cirque duquel se dégagent des sommets et des cascades de glace. Ce sont des pistes plus dures pour les amateurs de grosses bosses. L'ambiance est belle avec le soleil qui pointe tardivement. Les jours de froid, tu passes près des rivières et des arbres gelés. Et en toile de fond, tu as les Aravis en plein soleil. Le contraste est saisissant. »

↑ Situées à 1 700 m d'altitude, les pistes du col de Joux Plane offrent un panorama exceptionnel sur les massifs.

LUCAS CHANAVAT

• MEMBRE DE L'ÉQUIPE DE FRANCE DE SKI DE FOND ET VAINQUEUR DE COUPES DU MONDE

« L'environnement et le cadre sont magnifiques en Haute-Savoie. Nous n'avons pas d'énormes stations mais des petites avec chacune un charme particulier qui opère immédiatement. Au sein d'un même domaine, on trouve une grande diversité de terrains et de paysages. Il suffit juste parfois de quelques kilomètres pour que le décor change. C'est une véritable richesse. Quand je skie dans les Aravis, il y a toujours ces montagnes en toile de fond et quel que soit le lieu où on glisse, aux Confins à La Clusaz, au Grand-Bornand ou sur le plateau de Beauregard, l'angle de vue et le profil sont à chaque fois différents. Toutes ces montagnes qui ont l'air de se ressembler sont finalement très distinctes les unes des autres et ce n'est qu'une fois qu'on a chaussé les skis de fond que l'on s'en rend compte. On a la chance d'avoir ce décor et de pouvoir s'entraîner dans ces lieux. »

Massif central

Ce n'est pas le nom ou le lieu qui vient en premier à l'esprit. Et pourtant, le Massif central, composé de forêts et de hauts plateaux, est une terre nordique. Elle en a tous les ingrédients et en reste même l'une des plus authentiques de France. Avec 250 kilomètres de pistes balisées et damées, le massif du Sancy est un petit paradis pour le skieur de fond. Plus bas, au pied du mont Mézenc, déroule le Domaine nordique des Estables. Dans un enchaînement de pistes en sous-bois dans la plus pure tradition nordique, l'aventure se veut plus éclectique.
Tout au sud, des plateaux de l'Aubrac jusqu'au mont Lozère, le département de la Lozère s'enorgueillit de sept stations tournées vers les activités nordiques. Plus tranquilles, moins fréquentées.

FRANÇOIS LESCA
• GUIDE DE HAUTE MONTAGNE & MONITEUR DE SKI DE FOND

« Travaillant majoritairement dans la verticalité qui demande une attention permanente, la pratique du ski nordique me permet de “débrancher”, comme glisser une heure au lever du jour sur les pistes de La Stèle à deux kilomètres de la maison ou parcourir le sublime plateau du Guéry au retour du travail. Cela me permet aussi d'effectuer des “vacances de proximité” : en une heure et demie de route rejoindre Le Forez et ses superbes plateaux où l'on skie en apercevant les Alpes, autant pour atteindre le Cantal et le col de Serre où la piste passe sous le puy Mary et la brèche de Roland. Enfin, le nordique me donne l'opportunité de rêver de parcourir un jour en ski de rando nordique la traversée du mont Mézenc au mont Aigoual, ou de tenter de rallier à la journée le puy de Sancy au Plomb du Cantal par le Cézallier… »

FLORINE TOURNIER
• PHOTOGRAPHE ET VIDÉASTE

« Ce qui me plaît dans le Massif central, c'est le fait qu'il soit excentré des Alpes. Il y a moins de monde. On se sent réellement privilégié même si Clermont-Ferrand n'est pas loin. Très vite, vous vous échappez et vous retrouvez seul. Les paysages sont uniques et rares. Il n'y a peut-être que dans les montagnes du Jura que nous pouvons retrouver la même chose. Par moments, on se croirait en Laponie. Si le massif peut sembler petit, les domaines nordiques, et les possibilités, sont en revanche immenses. On retrouve dans chaque station un véritable engouement autour de la pratique des activités nordiques. C'est une véritable richesse. »

« Ici, chacun profite sans stress… »

⑩

Terres sauvages

Dans la folle histoire du ski, avant le ski de fond et le saut à skis, bien avant l'émergence du ski alpin et l'explosion du biathlon, existait le ski de randonnée nordique, appelé aussi *backcountry*.

C'est la toute première discipline, le cœur de l'expression même de la pratique du ski telle que l'Homme la conçoit depuis la Préhistoire.

Sauvage. Ludique. Itinérante. Le ski de randonnée nordique a donné, il y a des milliers d'années, le rythme et indiqué la direction de tout ce qui a suivi depuis. Si le XXe siècle, marqué par l'émergence des domaines skiables en France, le damage des pistes et la popularisation des compétitions de ski nordique (Jeux olympiques, Coupes du monde, épreuves de longue distance…), l'a repoussé au second plan, il n'a pas pour autant disparu. Au crépuscule des années 2000, une minorité d'aventuriers et de sportifs contemplatifs se l'est réapproprié. Une manière de (re)découvrir la glisse en pleine nature.

Au tout début, quand l'Homme a imaginé la glisse, il ne lui a pas donné de nom. Il l'a crayonnée sur des murs. Deux lignes courbées et parallèles, une silhouette, buste droit, et des barres verticales comme des bâtons. Le trait a été affiné en même temps que la pratique a évolué. Ce n'est qu'au XIXe siècle en France qu'on a attaché le mot « ski » à ce sport tout en souplesse qui fendait la neige. On l'a qualifié et rangé en catégories pour différencier chaque expérience. Ski de fond, ski alpin, saut à skis et plus tard biathlon quand est venue s'ajouter une carabine à la panoplie. Peut-être parce qu'on s'est (trop) appliqué à tout nommer, on a oublié de s'attarder sur le début de l'histoire. Qu'avaient dessiné ces premiers hommes sur les murs ? Du ski mais quelle version ? Leur première intention était d'évoluer dans un espace naturel pour le découvrir et l'apprivoiser. C'est la même qui définit aujourd'hui le ski de randonnée nordique.

Ce n'est pas complètement du ski de fond ou du ski alpin. C'est proche du ski-alpinisme ou du télémark. C'est un peu de chacun à la fois. Il fait quelque part figure de « père spirituel » parce qu'il est à l'origine de toutes ces glisses et qu'il en a inspiré les plus grandes évolutions.

En 1888, le Norvégien Fridtjof Nansen, équipé de skis de randonnée nordique, réalisait avec son équipe la première traversée du Groenland à skis. Trente-six ans plus tard, à Chamonix, à l'occasion des premiers Jeux olympiques d'hiver, l'épreuve reine, le 50 kilomètres, empruntait les traits d'une aventure itinérante en montagne. Des traces imparfaites, un matériel pas toujours adapté. Seuls vingt-deux des trente-trois concurrents au départ rallièrent l'arrivée. La technique balançait alors entre ski de randonnée nordique et ski de fond. La bascule s'est opérée à mesure que le ski et les techniques de damage se sont modernisés.

Au lendemain des Jeux olympiques de 1968 à Grenoble, le boom des activités nordiques a rendu la discipline à une certaine forme de confidence. La pratique est devenue l'apanage d'une minorité de passionnés de plein air. Ce n'est que depuis les années 2010 que le ski de randonnée nordique refait véritablement surface. Référencé comme une activité de glisse en pleine nature et respectueuse de la faune et de la flore, les territoires en ont fait un outil complémentaire de diversification de leurs activités hivernales. Il est désormais présenté comme une glisse simple et ludique pour parcourir les massifs. Accessibles, les skis de randonnée présentent une largeur et une cambrure intermédiaire entre les skis de fond et les skis d'alpinisme. Munis de carres métalliques, ils disposent d'un système anti-recul sous la semelle (écailles ou peaux synthétiques). Le système de fixation laisse le talon libre pour évoluer sans attaches à la fois en montée et en descente.

C'est cette complémentarité entre les différents univers de glisse, retranscrite dans le matériel, qui en fait une pratique tournée vers les grands espaces et l'itinérance sur des terrains enneigés à pente faible et moyenne.

Les grandes traversées en France

Grande Traversée du Jura

Le relief jurassien est en hiver un entrelacs de forêts aux airs de taïga, de combes et de lacs gelés. Ici, pas de sommets de plus de 2000 mètres d'altitude. Juste une nature secrète et sauvage, à peine effleurée par la main de l'Homme. Les montagnes du Jura, qui s'étalent sur trois départements - Doubs, Jura, Ain - puisent leur authenticité dans ces différences. Les traverser à ski de randonnée nordique, c'est s'immerger dans cette histoire où le nordique est un art de vivre avant d'être une discipline.

La Grande Traversée du Jura (GTJ), qui s'étend de Mouthe au nord à Giron au sud sur environ 100 kilomètres, est l'un des plus anciens itinéraires de randonnée nordique en France. Elle emmène le skieur sur les traces de ce qui fait l'histoire et la richesse de cette terre. Ici, le skieur itinérant évolue entre crêtes et vallons, alternant avec des passages en sous-bois. Parfois, au détour d'un sommet, les Alpes, dominées par le mont Blanc, se dessinent en blanc sur fond bleu.
Renouvelé en 1978 avec la création de la GTJ ski de fond puis le développement d'un matériel plus adapté à l'itinérance, cet itinéraire est un mixte entre les traces dessinées pour les raquettes à neige et le ski de fond avec des adaptations dans le souci d'optimiser la sécurité des skieurs et le respect de la faune sauvage sur des portions précises.

Traversée du Vercors

Posé à l'écart de la chaîne des Alpes, il a les traits d'une citadelle. Montagneux, rugueux et sage à la fois, le plateau du Vercors est une terre d'aventures. Partagés entre l'Isère au nord et la Drôme au sud, les hauts plateaux

du Vercors bordent le massif et lient ces deux territoires aux cultures différentes et marquées. Sur plus de 30 kilomètres, alpages et forêts se succèdent sur un relief doux, où se dresse à l'est le Grand Veymont (2341 m), point culminant de la Réserve naturelle nationale des Hauts-Plateaux du Vercors.
Du col du Rousset en bordure du Diois à Corrençon-en-Vercors, porte d'entrée sur le pays des « Quatre Montagnes », la Traversée des Hauts-Plateaux du Vercors est un itinéraire de ski de randonnée nordique populaire et reconnu. En une journée ou un peu plus, en passant la nuit dans des cabanes de berger, seules constructions humaines dans cette nature brute, cette grande classique emprunte sur près de quarante kilomètres la trace mythique de la Grande Traversée du Vercors, dédiée aux randonneurs l'été. Elle invite à découvrir ce paysage qui semble avoir été taillé pour l'activité nordique. Le terrain est joueur et accessible, le parcours ludique. L'instant juste dépaysant.

La Haute Route des Escartons

La Haute Route des Escartons est l'un des itinéraires de ski de randonnée nordique les plus réputés en France. Un des plus alpins également avec une altitude moyenne autour de 2000 mètres et un point culminant du parcours situé à 2500 mètres. Au départ de Saint-Véran, il rejoint Névache plus au nord, deux domaines nordiques majeurs des Hautes-Alpes. Le parcours traverse sur près de 115 kilomètres le Queyras et ses chalets, effectue un crochet par le val de Suse italien pour retrouver le Briançonnais

et la vallée de la Clarée. Autrefois appelé « La Haute Trace », cet itinéraire, non tracé mais balisé, a été relancé par une association d'hébergeurs du Queyras qui souhaitaient promouvoir cette randonnée nordique transfrontalière.
Invitation permanente à l'exploration et la découverte de l'altitude, il reste un itinéraire original et différent au caractère haute montagne affirmé. Le skieur passe d'une vallée à l'autre, d'un alpage au suivant par des cols qui ne nécessitent pas un engagement extrême. Le franchissement du col de l'Izoard permettra à chacun de contempler la beauté géologique de la Casse Déserte recouverte de neige. La Haute Route des Escartons est un voyage intimiste dans les replis sauvages des Hautes-Alpes.

Traversée intégrale des monts d'Ardèche

La montagne ardéchoise, parcourue de hauts-plateaux, est un territoire taillé pour l'activité du ski de randonnée nordique. Des reliefs doux. Des vallons parsemés de combes et de forêts. Ici, la nature invite à l'approcher skis aux pieds quand la neige drape l'horizon de blanc. C'est ce qui fait de la Traversée intégrale des monts d'Ardèche le long de la ligne de partage des eaux en ski de randonnée nordique l'une des plus belles du Massif central. De l'Auvergne, depuis les Estables, au pied du mont Mézenc (1753 m), jusqu'à la station de La Croix du Bauzon, en bordure des Cévennes, ce parcours, qui oscille entre 70 et 120 kilomètres en fonction des variantes, longe la bordure est du Massif central. Il suit le GR7 à une altitude variant entre 1200 et 1500 mètres.
La trace traverse des terres tout en contrastes. Le skieur itinérant plonge dans de grandes forêts pour en ressortir sur des espaces teintés d'une ambiance « Grand Nord ».
Il atteint des sommets typiques du territoire aux formes arrondies. Il pose un regard curieux sur ces montagnes et ces lieux qui font la réputation du massif : le mont Gerbier-de-Jonc, les sources de la Loire, la table géante de Les Coux ou les imposantes taupinières des sucs de Sépoux et de Séponet. Ici, chaque jour est une découverte. Ici, le mot itinérance prend tout son sens.

→ Le suc de Sara est un point de passage de la Traversée Intégrale des Monts d'Ardèche en ski de randonnée nordique.

Sur les bancs de l'école

(11)

Le ski scolaire est pour la majorité des enfants la première porte d'entrée sur la pratique du ski nordique.

Depuis 1960 et une circulaire interministérielle de l'Éducation nationale et Jeunesse et Sports, qui a favorisé la création des foyers de ski de fond et de saut en France, le ski de fond est une activité scolaire à part entière. Intégré dans le projet éducatif, le ski nordique favorise à la fois la découverte de l'effort physique et de l'environnement naturel.

En 1968, ce projet va bénéficier conjointement de l'organisation des Jeux olympiques à Grenoble, qui ont permis la découverte de la discipline en France, et des événements de mai, qui ont poussé à une plus grande ouverture des systèmes de pensée éducatifs. Depuis cette période, les foyers de ski de fond français n'ont cessé d'accompagner d'abord des enfants du milieu rural et par la suite du monde citadin dans l'apprentissage de la glisse à travers la pratique du ski nordique.

Il est facile de l'écrire parce que ce n'est pas transgresser la réalité. Avant les années 1960, il n'y avait rien. Ou presque rien. Même si des domaines nordiques existaient, le ski nordique était une activité que l'on pratiquait d'abord dans les territoires de moyenne montagne (Dauphiné, Vosges, Jura, Massif central...), et donc une discipline accessible uniquement à une minorité. Il restait, finalement, un sport globalement méconnu. La France était à l'époque plus attachée matériellement et intellectuellement au ski alpin et à ses champions.

Les années 1960 vont constituer le point de départ d'une « révolution profonde » pour le ski nordique, sa notoriété et ses pratiquants, qui s'étirera pratiquement jusqu'à la fin des années 1980. Et c'est l'État qui, dans le cadre de directives sociales et éducatives, va amorcer ce changement.

C'est, en effet, au moment où le secrétaire d'État à la Jeunesse et aux Sports a créé en 1960 les foyers de ski de fond et de saut que l'essor du ski nordique a débuté. Ces structures de base avaient pour ambition de favoriser la pratique du ski de fond en proposant aux élèves des écoles rurales de moyenne montagne, le plus souvent dépourvues d'installations sportives (stades, gymnases, piscines...), une activité de pleine nature durant la période hivernale.

En 1969, grâce à l'instauration par l'Éducation nationale du tiers-temps pédagogique, et mû par l'expérience olympique de 1968 à Grenoble, où le ski nordique avait été identifié pour ses vertus de sport nature et ludique et plus uniquement son aspect militaire ou compétitif, le ski de fond fut privilégié pour intégrer le cadre scolaire dans la perspective de projets éducatifs. Les premiers foyers de ski de fond mis en place tout au long des années 1960 se multiplièrent alors en France, notamment grâce à l'intervention du ministère de la Jeunesse et des Sports qui apportait des moyens pour doter ces structures de matériel (skis, chaussures, bâtons...). Le rôle des enseignants dans les écoles de montagne fut tout autant déterminant.

Si, au début, le matériel restait rudimentaire, les pistes parfois damées à skis et pas encore par des machines, la pratique régulière du ski de fond dans les classes a ainsi permis « de faire découvrir aux enfants et aux enseignants les valeurs éducatives du ski, détaille dans un rapport Georges Pacquetet, ancien inspecteur de la Jeunesse et des Sports, ancien directeur des services du conseil général de la Haute-Savoie. Dans une période où il fallait mettre l'accent sur la motricité, le ski de fond a vite trouvé sa place. »

L'expansion d'une pratique scolaire régulière dans les massifs français, autour de lieux structurés et encadrés, a conduit « à une structuration départementale afin de partager problèmes et solutions et d'être un interlocuteur crédible pour les collectivités locales et surtout pour le département et la Fédération française de ski », rappelle Georges Pacquetet.

Ainsi, le 27 février 1974 était créée en Haute-Savoie l'une des premières associations françaises destinée à « fédérer toutes ces petites structures et défendre les intérêts du ski de fond, face à l'hégémonie du ski alpin », éclaire Michel Petit dans son livre *Agy, l'aventure nordique*.

C'est en facilitant, dans le temps scolaire, l'accès des activités nordiques aux écoles, d'abord issues des milieux ruraux puis urbains, que le ski nordique s'est popularisé. Moins élitiste, la discipline s'est ouverte au plus grand nombre. De pratique uniquement tournée vers la performance, elle s'est imposée comme un outil crédible des politiques d'ouverture des espaces ruraux de montagne au tourisme. « Il est facile de comprendre que des lieux équipés et fréquentés par les enfants en semaine pouvaient attirer une visite dominicale de populations urbaines et devenir ainsi des sites attractifs en période de loisir », retient Georges Pacquetet.

Les années 1980 traduisent le véritable boom des activités nordiques. Plus de 17 000 coureurs seront recensés en 1987 au départ de la Foulée Blanche à Autrans dans le Vercors. La naissance des foyers de ski de fond et de saut en 1960 avait pour vocation d'initier des enfants de la campagne et de la ville au ski de fond, à l'image du Haut-Savoyard Maurice Manificat, vice-champion du monde en 2015. Elle aura impacté finalement en profondeur la pratique et son organisation en ayant fait « se rencontrer deux mondes, parfois hostiles : l'enseignement scolaire et la compétition », retrace Michel Petit.

La parution de la loi Montagne en 1985 – avec notamment la naissance un an plus tard de « France Ski de fond », qui deviendra par la suite « Nordic France », lequel fédère, au travers des associations départementales ou de massif, les sites qui gèrent les activités nordiques et perçoivent la redevance de ces dernières – a prolongé l'élan nordique diffusé dans les années 1960.

À Villard-de-Lans, en 1966 après les résultats décevants des Jeux olympiques de 1960 et 1964, sous l'impulsion de Jean-Pierre Monnot, était créé le **premier ski-études de France**. La mise en place de cette structure spécialisée avait pour ambition de compenser les faiblesses de la formation sportive dans le cadre scolaire. Depuis, des pôles, inspirés de la structure iséroise, ont émergé dans les différents départements alpins.

Maurice Manificat
« Une école de la vie »

Rien ne prédestinait Maurice Manificat à devenir l'un des plus grands champions du ski de fond français. Le Haut-Savoyard, quadruple médaillé mondial et olympique, qui vit aujourd'hui à Saint-Nizier-du-Moucherotte dans le Vercors, n'a pas grandi à la montagne. Sa famille n'était pas tournée vers la pratique du ski nordique. C'est grâce à l'école qu'il a découvert le ski de fond. Sans ce coup de pouce, son histoire n'aurait pas été la même.

De 2006 à 2024, vous avez été un membre de l'équipe de France de ski de fond et vous avez remporté dix victoires en Coupe du monde. Pourtant, rien ne vous prédestinait à une telle trajectoire.

—

C'est vrai. Je suis un petit gars de la ville, comme on dit. J'ai grandi dans la vallée de l'Arve en Haute-Savoie, qui est la vallée du décolletage. Mes parents étaient au Club alpin français (CAF) et plutôt tournés vers le ski de randonnée. J'ai démarré par le ski alpin. Alors, de là à imaginer, à cet instant-là, que j'allais embrasser une carrière de skieur de fond de haut niveau… À l'époque, mon état d'esprit n'était pas du tout axé sur la compétition. De moi-même, je ne serais pas allé vers le ski de fond parce qu'on ne regardait pas le ski de fond à la télévision. C'est grâce à l'école que tout a commencé.

Comment, par l'intermédiaire de l'école, avez-vous découvert le ski de fond ?

—

Ça a démarré à peu près vers l'âge de 6 ans. J'ai bénéficié des sorties scolaires entre janvier et février. Mon école se rendait au foyer de ski de fond d'Agy. On skiait une à deux fois par semaine et à la fin de l'année, on participait à la finale des foyers de ski de fond, une épreuve qui réunissait tous les écoliers du département. Les premiers souvenirs que j'en ai, c'est que j'aimais bien ce sport, surtout quand nous faisions le "train" (les jeunes skieurs se suivaient en file indienne) dans la trace. À aucun moment, je me suis dit "c'est dur". Je retiens le plaisir d'avancer dans les traces et de faire les descentes. Je m'amusais dans la neige et ça me plaisait. J'ai aussi en mémoire cette vie en collectivité. C'est le ski de fond qui m'a amené à découvrir tout cela.

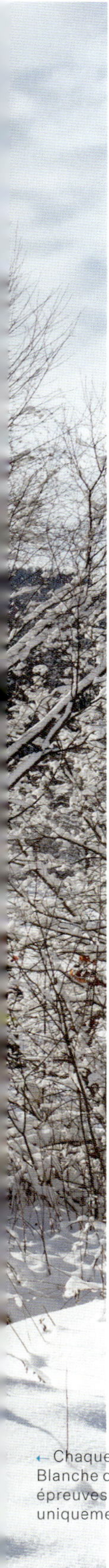

← Chaque année, la Foulée Blanche organise des épreuves destinées uniquement aux écoliers.

C'est-à-dire ?
—

C'est en pratiquant le ski nordique à l'école que j'ai découvert l'esprit de camaraderie. J'avais un tempérament assez solitaire et renfermé, mais grâce au ski de fond, j'ai pu m'ouvrir. S'amuser ensemble et partager une aventure a été formidable. Lors de ces sorties scolaires, on évolue dans un environnement sauvage, ou en tout cas semi-sauvage, où on partage son temps avec d'autres autour d'un pique-nique et d'une pratique sportive. Humainement, ça apporte énormément.

Qu'est-ce que ça vous a appris ?
—

Quand on est à l'école, on est forcément en groupe parce qu'on est dans une classe. À l'inverse de la salle de classe, dans le cadre des sorties scolaires, nous évoluons dans un environnement naturel et pas normé. Il faut alors apprendre à vivre ensemble. C'est-à-dire que si on est un peu plus fort que les autres, on doit apprendre à attendre. Le ski de fond à l'école, je vois ça comme une école de la vie.

Quel impact a eu cette période dans la construction de votre carrière ?
—

C'est ce qui m'a permis de rester terre à terre. Je disais que le ski de fond avait été une école de la vie. C'est-à-dire que, pendant ce temps scolaire, j'ai été confronté à un apprentissage de la vie et pas uniquement du sport. J'ai appris des autres, de la vie en groupe…

Vous êtes père de famille et vous vous retrouvez désormais à accompagner des enfants dans la découverte du ski de fond. Vous êtes passé de l'autre côté de la barrière.
—

Quand j'ai encadré des sorties scolaires, je me suis vu à nouveau. C'est la transmission qui continue. J'ai envie de partager ce que j'ai connu avec les enfants. Je ne suis pas dans une recherche de performance mais dans ce qui vient avant et reste tout aussi important à mes yeux. Je parle de trouver du plaisir d'être ensemble. Cela passe par le jeu. Peut-être que dans le lot, certains en garderont un souvenir impérissable. Pour d'autres, cela influencera sans doute leur façon d'être plus tard. C'est important. •

12

Qu'est-ce qu'une activité nordique ? L'acte II de la loi Montagne la définit en 2016 comme « *un loisir de neige non-motorisé autre que le ski alpin* ».

Sous le signe du pluralisme

Ce n'est pas une affaire de sémantique mais de cadre. Cette définition élargit l'horizon des possibles et ne limite pas la notion d'activité nordique uniquement au ski. Elle rappelle le cœur même d'une activité nordique : le lien à la nature.

La raquette à neige, les chiens de traîneau, le ski joëring ou même encore la luge traduisent cette attitude immersive de l'homme quand l'espace sauvage s'ouvre à lui.

Comme le ski nordique, dont ces disciplines partagent les mêmes codes, elles ont d'abord été des moyens de se déplacer et de travailler avant d'être un loisir et un sport.

↑ L'activité réunit petits et grands, sportifs et contemplatifs.

Chiens de traîneau

Ce sont les Inuits, peuples autochtones de l'Arctique, qui auraient autour de l'an mille démocratisé l'usage de chiens tirant un traîneau. Pourtant, ce n'est qu'au XIXe siècle que cette pratique a été adoptée par les Européens, en particulier les grands aventuriers. Une sortie en chiens de traîneau est aujourd'hui une activité introduite dans les stations à des fins touristiques. Encadrée par un musher, elle offre l'opportunité aux petits comme aux grands de s'immerger en pleine nature, formant une véritable équipe avec les chiens. C'est aussi un sport populaire avec des compétitions dont la plus connue est la Grande Odyssée, qui se déroule chaque année dans la région Rhône-Alpes.

↑ Une pratique valorisant l'immersion dans une nature sauvage et qui permet d'évoluer au cœur des grands espaces.

Raquette à neige

L'origine exacte de la raquette à neige est inconnue. Les historiens révèlent l'existence à la Préhistoire de chasseurs-cueilleurs nomades qui utilisaient des surfaces plates attachées sous leurs pieds pour se déplacer. Transformée en véritable « soulier de neige » par les Indiens d'Amérique du Nord, elle a été introduite en Europe par les premiers colons de la Nouvelle-France. En France, la première raquette à neige fut commercialisée en 1906. D'abord destinée aux militaires, elle est devenue petit à petit un outil de randonnée. Depuis les années 1970, grâce à l'introduction de nouveaux matériaux, elle s'est modernisée. Pratique et ludique, elle a évolué, au fil des années, en une activité ouverte à tous et à tout âge. Aujourd'hui, les stations développent et sécurisent des parcours estampillés « raquette à neige » qui favorisent la découverte et l'immersion dans les espaces sauvages.

↑ Faisant autrefois office d'ascenseur pour les skieurs, le ski joëring est aujourd'hui une activité nordique à part entière.

Ski joëring

À l'origine, le ski joëring, dont les premières traces remontent à 2500 ans av. J.-C., n'était qu'un moyen de locomotion. Essentiellement pratiqué par les paysans, ce dernier associait le besoin de se déplacer et de travailler. C'est à l'aube du XXe siècle qu'il est devenu une activité touristique à part entière. En France, il a d'abord été utilitaire, le cheval faisant office d'ascenseur pour les skieurs. Disparu après la Seconde Guerre mondiale, le recours hivernal au cheval est réapparu à la fin des années 1990. Le ski joëring est désormais identifié en tant qu'activité loisir dans les stations de sports d'hiver et se pratique avec un cheval ou un chien.

Luge

Une activité universelle. Ludique même. Dans les pays de montagne, la luge a longtemps servi de moyen de locomotion. Au terme d'une longue évolution, elle est devenue aujourd'hui un loisir et même une discipline olympique depuis 1964. Les stations ont pris en compte que, comme le ski, elle avait son public. Il n'est plus rare de nos jours de voir émerger au cœur des domaines nordiques des pistes de luge sécurisées, destinées aux plus jeunes comme aux plus âgés. Depuis les années 2010, cette activité se pratique également l'été.

Trois mots
comme
trois valeurs
cardinales

Liberté

contemplation

13

La devise pourrait être écrite au fronton des portes d'entrée des domaines nordiques.

partage

La *liberté* de choisir et de bouger un peu, beaucoup, à l'infini. Le *partage* d'une trace et d'une aventure qui se veut collective ou plus intime. La *contemplation* d'une nature sauvage préservée de la main de l'homme.

Trois mots pour définir une discipline et réunir ceux qui la pratiquent alors que leurs intentions diffèrent. Le ski nordique, ce n'est pas une mais des façons de glisser. On skie contre le temps pour mieux le laisser s'échapper. On skie pour oublier et retrouver. Il n'y a pas une mais des façons d'être un skieur nordique.

Pratiquer le ski nordique est un exercice particulier, et le définir l'est tout autant car la discipline a cette capacité à marier des intentions contraires. C'est chercher sans cesse à flirter avec des émotions très différentes les unes des autres – la force et la douceur, la vitesse et la lenteur, performer et contempler – pour n'en retenir qu'une. Elle serait à la fois l'expression d'une quête profonde de liberté, d'un souci de contempler et d'une envie de communion et de partage.

MARIE • 46 ANS

« Décembre 2007, j'ai 29 ans, deux expériences catastrophiques de ski alpin à mon actif, je tente une première sortie sur des skis de fond, à Saint-François-de-Sales en Savoie. Une première également désastreuse. Je tombe, j'ai peur, je déchausse plusieurs fois, je pleure... Mais la graine nordique a été plantée. J'ai tout de suite aimé le nordique malgré la difficulté de l'apprentissage. J'ai aimé ce calme sur les pistes où je ne réfléchis à rien, être en pleine nature, loin de tout parfois, contempler la beauté des paysages sans infrastructures qui gâchent la vue, l'effort des montées et le plaisir des plats ou des descentes, l'état d'esprit des fondeurs souriants, sympathiques et sans chichis.
Ce qui m'a plu, c'est de changer de station, ne jamais skier dans les mêmes départements, sur les mêmes sites, sur les mêmes pistes. J'adore skier autant dans les Aravis, les stations les plus proches de chez moi, que dans le Jura (le berceau du nordique français à mon sens) ou ailleurs.
N'est-ce pas magique que de skier dans les vallées "scandinaves" des Hautes-Combes ou au pied des sommets à Bessans ? N'est-ce pas réjouissant que de peiner à monter la noire du Bozon de Naves pour jouir d'un panorama à 360 degrés en récompense ? N'est-ce pas magnifique que de skier au coucher du soleil au Semnoz et tout aussi réjouissant que de passer son test technique de pisteur-secouriste nordique au col du Guéry dans un décor digne de la Norvège ? Ce matin de janvier 2021, j'étais totalement tiraillée entre l'effort du test et la beauté du plateau qui m'en mettait plein les yeux. Je n'avais jamais rien vu d'aussi beau... Et j'ai réussi le test.
Après dix-sept ans de ski nordique, je peux dire que je suis officiellement pisteur nordique, que j'aime autant skier seule qu'avec le Club Loisirs, être en classique tout comme en skating (selon la qualité de neige), que j'ai hâte de pouvoir faire plus régulièrement du ski de rando nordique, que j'aime conseiller et aider les pratiquants, que j'adore tous ces sites nordiques des Alpes et du Massif jurassien avec leur charme spécifique et que mon objectif pour 2025 est d'aller découvrir ceux des Pyrénées. Ma passion est vraiment le ski de fond. »

CLÉMENT • 26 ANS

« Ma relation avec le nordique a débuté par des sorties scolaires entre mes 8 et mes 15 ans, et comme pour beaucoup de mes conscrits, elle a mal démarré. Frileux avec peu d'appétence pour les sports d'endurance, chaque sortie était pour moi un calvaire. Groupes de niveau, rouges ou bleus, c'était "skie ou crève" ! Autant dire qu'en dehors du temps scolaire, je n'usais pas mes semelles sur les domaines nordiques.

Puis, quelque dix ans plus tard, le nordique revient dans ma vie par le travail. J'obtiens en 2022 un poste de chargé de mission sur la transition des territoires de montagne à Nordic France. Les missions du job me plaisent, je décide de redonner une chance au ski. Les premières visites de terrain sont difficiles. Mais rapidement, à la faveur d'un bon équipement et des conseils des experts qui m'entourent, j'arrive à prendre du plaisir.

Aujourd'hui, je pars seul, avec mes skis, à mon rythme, sur les domaines du massif des Bauges. Mes instituteurs ne me croiraient pas. J'apprécie le goût de l'effort synergique produit par chacun de mes muscles en montée, la vitesse et la légèreté que procurent les descentes en récompense, la sensation de propulsion et de glisse sur les replats. Les sorties matinales en forêt m'offrent de précieux moments dans la nature, un retour à l'instant présent. Une séance de ski est une parenthèse dans la vie du quotidien, une respiration. »

MARCO • 11 ANS

« Quand je monte sur mes skis de fond, j'ai envie de partir, de me dépasser, de sentir la glisse, la légèreté et la force de la poussée. Je me sens libre, j'essaie de m'appliquer dans mes mouvements. J'aime la synchronisation de mes bâtons et de mes skis. Être dans la nature, écouter les animaux, ça me fait du bien.

J'adore l'esprit du club, être ensemble, apprendre, rigoler avec les copains. En compétition, j'ai envie d'aller toujours plus loin. Suivre des enfants plus forts que moi me pousse à aller plus haut ; à la fin, je suis content d'avoir tout donné, de m'être dépassé. »

JOHAN • 43 ANS

« Bien qu'originaire du nord de la France, et y résidant encore, je pratique le ski nordique depuis l'âge de 5 ans. Ce sport est même devenu bien plus qu'une passion pour moi. J'aurais pu choisir d'attendre quelques longues minutes aux remontées mécaniques pour quelques secondes de glisse sur des skis alpins, mais j'ai préféré le plaisir de l'effort. Un effort toujours calibré par son propre niveau, ses propres capacités, son état de forme du moment, mais qui doit rester un plaisir. C'est un sport accessible à tous, au rythme d'une marche ou d'une course. Et ce, au bout de quelques minutes d'apprentissage de l'équilibre sur ce qu'on appelle parfois des "allumettes".

Le ski nordique, je le pratique seul, tantôt en classique, tantôt en skating. Dès que je le peux, j'accumule les kilomètres, presque trois cents chaque saison. Depuis quelque temps, j'initie mes enfants, en espérant qu'ils en deviendront amoureux à leur tour.

J'apprécie de découvrir de nouveaux domaines. Sous le soleil, sous la neige ou dans le brouillard, les paysages ne sont jamais les mêmes et la magie opère : le plaisir de se reconnecter à la nature, les pensées qui s'évadent sous les épicéas et sur ces grandes étendues de neige face à l'immensité de la montagne.

Je me passionne pour les compétitions de biathlon et de ski de fond, que je regarde à la télévision ou sur le bord de la piste. Je développe même depuis quelques mois une marque de vêtements lifestyle pour les millions d'aficionados qui se délectent chaque semaine d'hiver devant le spectacle télégénique proposé par nos athlètes, skis aux pieds et parfois carabine dans le dos. Ces athlètes, je les trouve particulièrement simples et accessibles. À l'image de leur sport, de notre sport. »

AUGUSTINE • 13 ANS

« J'aime le ski de fond car je rigole. Je partage une activité commune avec ma famille et mes amies. J'adore aussi les courses de ski de fond et l'ambiance qui s'en dégage. Quand on tombe dans la neige, on est trempé à la fin. J'aime le hors-piste aussi. En gros, le ski de fond, c'est génial ! »

ÉMILE • 8 ANS

« J'aime le ski de fond parce qu'on rigole. Je suis avec mes amis et on fait des jeux, du hors-piste et des courses. »

ABEL • 7 ANS

« J'aime le ski de fond car je mange de la neige. Je tombe et c'est rigolo. J'aime le hors-piste. »

ANTOINE • 36 ANS

« Je ne fais pas partie de ceux qui ont commencé le ski de fond à un jeune âge. J'ai 36 ans et cela fait sept ans que j'en fais. J'avais l'image d'un sport vieillissant, alors que c'est tout l'inverse. Le matériel évolue très vite et on peut amener son style sans être jugé, un peu comme des pionniers dans une exploration.

Dans un monde où les gens sont de plus en plus stressés, où tout va trop vite, où les écrans nous envahissent, le ski de fond est vraiment un remède. J'ai tout de suite aimé et été frappé par le calme, par un lien évident avec la nature où on glisse sans bruit, où on observe le soleil qui perce les arbres, la neige qui tombe…

C'est un peu comme un voyage à vélo, on a le temps d'observer sans être à l'arrêt. J'ai aimé me faire mal, avoir le cardio qui monte, le goût de l'effort et me dire que j'étais capable de chaque fois repousser mes limites et parcourir toujours plus en distance. Et même de se challenger entres copains et copines. »

CAMILLE • 36 ANS

« Jeune, je pratiquais le ski de fond en groupe au sein d'un club. J'aimais le fait d'être dehors quel que soit le temps, la convivialité et me retrouver avec les copains. J'aimais le goût de l'effort et la compétition. Nous nous entraînions souvent en groupe, on se tirait vers le haut et mon groupe d'amies d'aujourd'hui reste mon groupe de ski.

Après plusieurs années de compétition, j'avais à cœur de transmettre ma passion auprès des jeunes via le club et faire découvrir la discipline à un public plus large. J'ai donc souhaité passer mon monitorat de ski et j'entraîne désormais les enfants du club.

Hors entraînement en club, je skie en solo. J'adore prendre ce temps pour moi, pour me ressourcer, me vider la tête. Après l'effort, je me sens bien ! J'aime aussi y aller en famille ou avec les copains pour redécouvrir ou faire découvrir des coins sympas. Et bien évidemment, j'aime les valeurs associées à cette discipline : le goût de l'effort, la ténacité, le dépassement de soi, l'amour et le respect de la nature, la force et l'envie de ne jamais lâcher, de se relever et de recommencer. »

MAÏLYS • 47 ANS

« Née dans le Vercors, j'ai tout naturellement découvert le ski de fond petite avec mes parents qui emmenaient toute la famille en balade sur les pistes le week-end : souvenirs de grands bols d'air, de mini-courses avec mon frère et mes grandes sœurs, des complaintes de celles-ci dans les longues montées, de la récompense des bananes séchées et du thermos partagés près d'une cabane.

Papa nous traçait aussi un parcours avec des fanions dans le jardin où nous nous amusions à glisser, et sans nous en rendre compte, à apprivoiser l'équilibre et l'agilité avec ces fines spatules !

Des décennies et deux déménagements plus tard, jeune adulte, j'ai repris le ski de fond en revenant vivre dans les Alpes. Ayant acquis une bonne endurance avec la course à pied, je me fais plaisir et me lance même le défi un peu fou de présenter le test technique du brevet d'État (BE), que je réussis sur les acquis de mes trois années de club à l'adolescence !

Je redécouvre alors et réapprends totalement toute la technique aussi bien en skating qu'en alternatif au cours de mon cursus et retrouve des sensations de glisse incroyables, le plaisir de savoir adapter sa technique à la neige du jour, à la forme, à l'envie du moment…

J'épingle quelques dossards mais c'est anecdotique dans mon rapport au ski de fond qui est beaucoup plus profond, presque spirituel, et plus encore dans la pratique backcountry : j'aime me retrouver dans l'immensité blanche d'un plateau, l'intimité feutrée d'une forêt aux épicéas plâtrés, la douceur vallonnée d'une combe, me connecter à cette nature ressourçante et à mon intériorité à travers les battements de mon cœur, mon corps en état de marche, pleinement vivant et presque animal.

La faune sauvage, justement, apparaît parfois, laissant ses empreintes souvent, nous rappelant que nous ne sommes que des invités de passage et que skier sur ou hors de ces pistes qui serpentent dans la nature est un privilège absolu qu'il convient d'honorer avec gratitude et respect. »

HERVÉ • 59 ANS

« Enfant, l'école et les devoirs finis, les week-ends ou les vacances, mon idéal de vie se résumait en trois mots : être dehors en mouvement et m'amuser. Je courais, je faisais du vélo, du skate, je glissais déjà sur la neige, mais pas encore sur des skis de fond. Je construisais des cabanes, j'escaladais tout ce qui pouvait l'être, je nageais, et cela du matin au soir avec mon frère et une bande de copains. Un jour, je devais avoir dans les 9 ou 10 ans, j'ai emprunté les skis de fond de mon cousin, ainsi que des bottes en caoutchouc trop grandes pour moi que j'ai coincées dans les fixations "fourchette" de l'époque et je suis parti skier dans la forêt de Bramans.

Ce fut une merveille, j'étais devenu un aventurier ! J'ai recommencé tout l'hiver, certaines fois jusqu'à la nuit.

Tout s'est accéléré, mon inscription au foyer de ski de fond, les entraînements réguliers, un vrai jeu, avec les copains et les copines qui partageaient ce même plaisir. Par la suite, le comité de ski de Savoie, où je découvre le biathlon et là, ce fut la révélation, "on avait imaginé un sport pour moi" !

L'équipe de France de biathlon, une vraie bande d'amis qui avaient tous cet esprit nordique, un esprit fait de simplicité, d'une certaine forme de sobriété. Avec un engagement et une solidarité dans la difficulté, voire la souffrance que nous ressentions tous à certains moments.

Les entraînements hors neige, au fil des saisons, permettaient de pratiquer toutes les activités de pleine nature : vélo, VTT, course à pied et en montagne, ski à roulettes, canoë, un vrai régal tout au long de l'année… Le ski de fond est véritablement le sport de glisse passerelle des activités outdoor !

Le ski de fond et son esprit nordique m'ont permis d'avoir une belle vie et continuent de beaucoup m'apporter.

C'est avec passion que je me suis engagé aujourd'hui, en collaboration avec les acteurs du nordique, à adapter l'aménagement des sites nordiques en tenant compte de l'évolution climatique et environnementale ; cela constitue un beau challenge. »

14

Qui a dit que le ski nordique était uniquement une activité hivernale ?

C'est un peu fou, sacrément farfelu, mais on saute, on tire et on glisse, ou plutôt on roule, l'été aussi. Tout ça, juste pour ne pas perdre le rythme et un peu également parce que rejoindre l'hiver d'après peut parfois sembler épique.

La France a probablement eu un petit temps de retard mais dans les années 1970, elle s'est décidée à faire comme les Scandinaves. Parce qu'ils étaient meilleurs. Parce qu'aussi, ils ont souvent l'idée en premier. Les Français se sont convertis au ski à roulettes. Ils ont construit des pas de tir. Ils ont posé de la céramique sur des tremplins pour voir si voler était aussi bien l'été que l'hiver.

À la verticale de l'été

Aujourd'hui, le ski nordique, c'est quasiment 24 heures sur 24 et 365 jours sur 365. Un plaisir et une découverte toute saison.

↓ Introduit en France dans les années 1960, le ski-roues se pratique aujourd'hui sur des espaces sécurisés, proposant des parcours définis en fonction du niveau de chacun. ↑

Ski-roues

L'histoire raconte que les premiers skis à roulettes ont été inventés à la fin du XIXe siècle dans les pays du nord de l'Europe. Ce n'est pourtant qu'au terme des années 1960, sous l'impulsion entre autres de l'équipe de France de ski de fond qui cherchait un moyen de s'entraîner l'été, que la discipline a été introduite en France. Sur trois roues - une à l'avant et deux à l'arrière - à ses débuts, puis sur deux seulement aujourd'hui, le ski à roulettes, plus communément appelé ski-roues, se pratique en style libre ou style classique grâce à un système « anti-recul » placé dans le roulement à l'arrière, qui permet ainsi à son utilisateur de reproduire le geste du pas alternatif. Apparenté au tout début à un simple outil d'entraînement, il est devenu dans les années 1980 une discipline à part entière. Depuis les années 2010 et le développement des pistes de ski-roues, il ne se pratique plus uniquement sur des routes ouvertes à la circulation mais dans des espaces sécurisés. Chaque année, en France, ont lieu des épreuves de ski-roues et même un championnat de France qui réunit les meilleurs skieurs nordiques français.

↑ Le biathlon est une activité qui peut avoir lieu été comme hiver, comme ici à Ceillac. À 10 m, 50 m ou au laser.

Biathlon estival

Il y a eu un avant et un après 1992. Avant les Jeux d'Albertville, les biathlètes pratiquaient souvent l'été le tir dans des champs ou sur des parkings et le ski à roulettes sur les routes ouvertes à la circulation. Après le succès médiatique et populaire des Jeux olympiques en Savoie, des stades de biathlon et des pistes de ski-roues ont fleuri dans les massifs français. Le développement exponentiel de ces infrastructures a cadré la discipline et rendu son exercice plus pratique et sécurisé.
Depuis les années 2010, le biathlon est devenu une activité touristique estivale à part entière. Elle est proposée dans les stations disposant de stades de biathlon ou lors de séminaires d'entreprises. Le biathlon dans sa version été combine tir et ski-roues ou tir et course à pied.

↑ Le saut à skis figurait en 2023 au programme des troisièmes Jeux européens qui se sont tenus en été.

Saut

Le saut à skis est un sport d'hiver reconnu discipline d'été. Ce n'est pas un raccourci, encore moins une transgression de l'histoire ou une provocation. En 2023, le saut spécial, l'une des plus vieilles disciplines des sports de neige, figurait au programme des troisièmes Jeux européens, qui se déroulaient à Cracovie en Pologne du 21 juin au 2 juillet. Il n'y a rien d'illusoire dans ce choix. Les sauteurs ont l'habitude de s'entraîner durant leur préparation estivale sur les tremplins depuis lesquels ils sautent l'hiver. Depuis 1994, la Fédération internationale de ski organise même une tournée estivale intitulée Grands Prix d'été. À partir des années 1980, la majorité des tremplins en France est devenue praticable l'été grâce à la pose d'une céramique dans la trace de la piste d'élan et à la disposition sur la zone de réception de balais de plastique vert, ces aménagements ne modifiant pas les caractéristiques du tremplin. Les skis utilisés l'hiver sont aussi les mêmes l'été. Le développement de cette technique favorise une pratique annuelle du ski pour l'entraînement et l'initiation des débutants.

RESCUE

MARLENE

Les acteurs

Il y a l'Histoire et ceux qui la mettent en scène.

Acteurs visibles ou invisibles, hommes et femmes de l'ombre, ils sont une poignée, chaque hiver, à faire vivre les domaines nordiques. Ils donnent du relief et de la consistance à la pratique. Sans eux, l'intérêt serait différent, l'exercice peut-être plus délicat et moins facile.

Pisteurs, secouristes, conducteurs d'engins de damage, agents d'accueil, chefs d'exploitation, bénévoles, entraîneurs ou moniteurs... Ce sont les acteurs du quotidien. Jour et nuit, ils veillent au bon fonctionnement et à l'entretien des sites nordiques mais fournissent également les clés aux skieurs curieux et avides de progresser.

Comment devient-on pisteur ?
Faut-il avoir été un compétiteur pour être moniteur ou entraîneur ? Qui peut être chef d'exploitation ? Le ski nordique se lit aussi dans l'exercice de ces métiers.

du quotidien

Pisteur-secouriste nordique

MISSIONS

Assurer l'accueil des pratiquants sur les domaines nordiques et communiquer sur les conditions de neige et l'organisation du domaine ; garantir la sécurité et le secours sur le domaine skiable nordique ; être capable d'analyser les bulletins météo de manière à anticiper le travail de la neige, de comprendre l'évolution du manteau neigeux ; aménager le domaine nordique en avant-saison et pendant l'hiver (signalétique, filets, jalons, matelas, zones spécifiques...) ; conduire un engin de damage et une motoneige.

FORMATION

1er degré : trois semaines de formation organisées par Nordic France.
2e degré : après deux saisons en tant que pisteur-secouriste nordique 1er degré puis une formation de trois semaines encadrée par Nordic France.
3e degré : trois saisons en tant que pisteur-secouriste nordique 2e degré et une formation commune de trois semaines avec le pisteur alpin à l'ENSA (École nationale de ski et d'alpinisme) de Chamonix.

GUILLAUME • PISTEUR NORDIQUE SUR LE PLATEAU DE BEILLE (ARIÈGE)

« On me dit souvent "mais tu penses à te recycler ? C'est bientôt fini la neige". Je fais des relevés nivologiques tous les matins, je vois bien qu'il se passe quelque chose. J'ai bientôt 30 ans et la neige ne tombe plus comme dans mon enfance. Mais le métier de pisteur nordique n'est pas qu'une histoire de neige. Avec les autres équipes du domaine, les dameurs, le personnel d'accueil et de billetterie, nous sommes les gardiens de ce territoire de montagne, avec ou sans neige. Les dameurs travaillent de plus en plus finement, préservant le moindre flocon. En billetterie, le public est de mieux en mieux orienté grâce à des équipes qui connaissent les conditions du terrain. Les nivoculteurs (ceux qui fabriquent la neige de culture) travaillent avec une grande précision pour être plus efficaces. En effet, fini les jours où on se laissait porter par des mètres de neige blanche ; maintenant il faut faire travailler nos cellules grises. Bon, parfois il ne faut pas réfléchir, empoigner une pelle et vider les fossés pour réenneiger les pistes. Cette activité est d'ailleurs source de jolis échanges avec les skieurs : "Ah bon ! Mais toute la neige de la piste, c'est vous qui la mettez dessus ?! - Eh oui ! Et en fin de saison, on enlève tout." Je suis moqueur mais ces conversations, parfois drôles, parfois profondes, donnent de la saveur aux journées. Peut-être qu'un hiver, mes skis ne verront pas les pistes, mais c'est un détail. Le public sera toujours là, friand de conseils et d'échanges. L'activité en montagne nous demandera toujours des astuces et de l'intelligence. Nous continuerons d'évoluer dans un cadre magnifique, parce que le paysage, lui, ne fond pas. Alors pour tout ça, non, je ne pense pas à me recycler ! En attendant, le soleil se couche sur le massif de l'Aston. Je finis le tour de fermeture du plateau de Beille. La neige est douce sous les skis. Un grand sourire illumine mon visage. »

Conducteur d'engins de damage

MISSIONS

Assurer le damage du domaine nordique (pistes de ski de fond, itinéraires raquettes et piétons) et l'entretien des machines, veiller à l'enneigement des pistes, faire le lien avec les pisteurs-secouristes et les autres professionnels du domaine. Le dameur/la dameuse est un/une technicien(ne) de la neige qui travaille au service des pistes d'une station. Il pilote un engin sur chenilles équipé d'accessoires et travaille souvent la nuit ou très tôt le matin afin de préparer au mieux les pistes avant leur ouverture au public. Pour cela, il doit donc prendre en compte les données nivologiques et météorologiques du moment pour juger de l'opportunité d'intervenir. De ses compétences dépendront la qualité et la durabilité de l'offre nordique, et ainsi la satisfaction du pratiquant.

FORMATION

Il n'y a pas de diplôme spécifique pour conduire une dameuse comme un Certificat d'aptitude à la conduite d'engins en sécurité (Caces) ou un permis de conduire. La personne doit suivre une formation et posséder une autorisation de conduite délivrée par l'employeur.

CHARLIN LASSALLE • DAMEUR SUR LE DOMAINE NORDIQUE DE VILLAR-D'ARÈNE (HAUTES-ALPES)

« Le dameur contribue à la préparation et à l'entretien des pistes de ski de fond, des itinéraires piétons, raquettes et luges, essentiellement avec la dameuse. Ce métier nécessite une bonne connaissance de la machine pour travailler au mieux la neige et anticiper tout problème mécanique qui surviendrait au milieu des pistes. Un aspect important de ma mission est la communication avec les autres acteurs du domaine, notamment pour la sécurité et l'information aux usagers. Les échanges avec les pisteurs sont essentiels pour connaître l'état des pistes avant mon passage, mais aussi pour leur faire un retour sur celui-ci après le damage. Ce que j'aime dans ce métier est le fait de travailler avec les éléments qui nous dictent quand agir, dans un cadre de montagne incroyable, avec des ambiances au petit matin et à la nuit tombée qui te font ralentir un instant pour apprécier le paysage. Le tout accompagné de quelques animaux qui traversent furtivement dans les phares de la dameuse. La philosophie du ski de fond se reflète dans le damage en proposant aux skieurs le meilleur que l'on aura pu tirer de ce que nous offre la nature en termes de chutes de neige et de conditions météo. Le skieur devrait ainsi avoir conscience de composer avec les éléments et de profiter du cadre qui l'entoure pour ne pas simplement consommer cet espace. »

XU PLATFORM

HH
HH
ROTAX

Agent d'accueil

MISSIONS
Accueillir les clients sur le domaine nordique, les renseigner et les orienter, vendre les redevances d'accès aux pistes et contrôler la validité des redevances des clients, assurer le lien avec les autres professionnels, réaliser des tâches administratives. C'est un poste souvent saisonnier, assuré entre décembre et mars-avril, en fonction de l'ouverture du domaine nordique.

MARIE-ODILE VERMOT • EMPLOYÉE D'ACCUEIL DES CAISSES DU DOMAINE SKIABLE DE CHAPELLE-DES-BOIS (JURA)

« Je suis née à la montagne, je skie depuis l'âge de 4 ans. On peut dire que je travaille dans le domaine du nordique par passion. Mon métier consiste à renseigner les visiteurs qui souhaitent acheter un forfait ou une activité raquette pour découvrir le domaine de Chapelle-des-Bois. Aucune de mes journées ne ressemble à une autre. J'ai la chance de rencontrer des skieurs de tous horizons et de tous âges. Le contact avec les touristes est une vraie source d'enrichissement même s'il faut parfois faire preuve d'un réel sens de la communication et de l'écoute.

En vingt ans de métier, je peux dire que la clientèle a bien évolué : il y a toujours beaucoup de sportifs mais aussi des novices qui découvrent le ski de fond et ne prennent parfois pas la mesure des choses…
La Chapelle-des-Bois, c'est une vraie station nordique conviviale et tous les acteurs hôteliers, restaurateurs, loueurs de skis œuvrent vers un seul but : rendre le séjour des vacanciers inoubliable.

Cet esprit nordique, je l'aime par-dessus tout ! On vit au cœur de la nature, on y cultive le sens de l'entraide, un côté "grande famille" sur laquelle on peut toujours compter, même si on n'est pas d'accord sur tout.

Et puis, les choses s'arrangent toujours autour d'un bon vin chaud ou d'une fondue, n'est-ce pas ? »

Responsable de domaine nordique Chef d'exploitation du domaine

MISSIONS

Organiser l'ensemble des activités nordiques sur le site, gérer la mise en place et l'enlèvement de la signalétique et du balisage, assurer le planning des professionnels (pisteurs-secouristes nordiques, dameurs, mécaniciens, agents d'accueil, etc.), mais aussi prévention, coordination et supervision en matière de sécurité et de secours, lien avec les Offices de tourisme et le réseau Nordic France (association départementale par exemple), communication sur le domaine nordique, coordination des événements, suivi de la maintenance, appliquer et faire appliquer les obligations règlementaires et les différents arrêtés, assurer le lien avec les élus de la collectivité, damer les pistes, connaître la nivologie et la météorologie…

DIPLÔME & PRÉREQUIS

Pisteur-secouriste 2e degré, habilitation à la conduite d'engins.

AURÉLIEN MAHAUT

• RESPONSABLE DU DOMAINE NORDIQUE DE LA VALLÉE DU HAUT-GIFFRE (HAUTE-SAVOIE)

« J'ai la chance d'être responsable du site nordique de la vallée du Haut-Giffre depuis novembre 2021, mais ce qui fait la richesse de mon expérience au sein de ce domaine, c'est avant tout l'attachement que je lui porte. J'y suis d'abord simple pisteur lors de l'obtention de mon diplôme en 2003 ; j'y ai grandi, évolué, en passant le 2e degré nordique ainsi que le pisteur-secouriste artificier. Aujourd'hui, après avoir été devant la caméra, je me retrouve derrière à, plus ou moins, tirer les ficelles.

Être responsable, ce n'est pas de mon point de vue diriger mais coordonner les envies de chacun. Être le trait d'union entre la position des décideurs, les élus et le personnel du service, les pisteurs, les dameurs, les hôtesses d'accueil, les régisseurs… La polyvalence et la pédagogie sont primordiales ! Il faut être capable d'être réactif, ne pas perdre de temps pour répondre à la demande des usagers du site nordique, pouvoir prendre la place d'un agent absent, au damage ou comme pisteur, tout en continuant à répondre au téléphone, à gérer les situations d'urgence, à dialoguer pour faire avancer les projets…

Le but étant que le service rendu par les agents soit le plus fluide possible, qu'ils puissent assurer la sécurité du domaine et son fonctionnement journalier.

Être skieur de fond me semble la base ; bon ou pas bon, on s'en fout… Il faut juste aimer être sur la neige, supporter le froid et les précipitations comme la douceur du printemps. Le reste vient tout seul grâce au travail d'équipe, à l'aide de ses collègues, au soutien du public et des élus. Le but est de faire vivre un "service public" car il est destiné avant tout à faire du bien aux usagers du site, à leur donner le sourire, bref à leur partager un moment de notre bonheur.

Gérer un site nordique, c'est aussi s'adapter. Ce n'est plus l'organisation du ski de fond uniquement mais celle d'une multitude d'activités que l'on peut pratiquer dans la neige. Un domaine se décline en pistes de skating, de classique, en itinéraires piétons et raquettes, en circuits de chiens de traîneau, de fat bike, de ski joëring… Ces pratiques doivent s'imbriquer et se compléter sans empiéter sur le territoire des autres. C'est le rôle d'un responsable de proposer les bonnes solutions afin d'éviter les frictions entre toutes ces utilisations du site. »

Entraîneur

MISSIONS

Encadrer des sorties en ski nordique et leurs activités dérivées, dont le biathlon, en sécurité ; conduire une démarche d'enseignement ainsi que d'entraînement ; concevoir un projet en fonction des différents publics ; coordonner la mise en œuvre d'un projet ; mener actions et projets en sécurité dans l'ensemble du milieu montagnard enneigé en moyenne montagne sur des reliefs vallonnés excluant tout accident de terrain et en altitude sur des pistes préparées pour cette pratique, balisées et damées situées sur des reliefs identiques.

FORMATION

DIPLÔME D'ÉTAT DE SKI • MONITEUR NATIONAL DE SKI NORDIQUE & SES ACTIVITÉS DÉRIVÉES

Son obtention fait suite à une formation spécifique (deux cycles, dix unités de formation) qui se déroule dans l'ordre chronologique suivant :

- **premier cycle** (210 heures minimum) : quatre unités de formation, un stage pédagogique de sensibilisation (25 jours minimum) et une épreuve de certification de capacité technique.
- **second cycle** (cinq semaines) : six unités de formation, un stage pédagogique d'application (25 jours minimum) et trois unités de formation. Les titulaires de ce diplôme sont soumis tous les six ans à un stage de recyclage organisé par l'École nationale des sports de montagne.

CERTIFICAT COMPLÉMENTAIRE (non-obligatoire)

Optimiser la performance en ski nordique et ses activités dérivées.

Prérequis : être titulaire du diplôme d'État de ski - moniteur national de ski nordique et ses activités dérivées ou du diplôme de moniteur national de ski français ou du brevet d'État de ski, option « ski nordique » du 2e degré et 3e degré d'enseignement ou du brevet d'État d'éducateur sportif du 1er ou 2e degré, option ski nordique.

- **Missions** : intervenir dans les domaines de l'encadrement, accompagnement, animation, enseignement et entraînement en sécurité du ski nordique et de ses activités dérivées ; encadrer tout type de public dont les mineurs, scolaires et/ou en situation de handicap, notamment en les sensibilisant et en les éduquant aux spécificités du milieu montagnard enneigé dans la perspective d'une pratique autonome, responsable et durable, visant l'optimisation des apprentissages techniques et des facteurs de performance.
- **Formation** : 490 heures au minimum, dont 350 heures au minimum à l'École nationale des sports de montagne, site du Centre national de ski nordique et de moyenne montagne, et 140 heures au minimum dans les structures d'accueil agréées.
  1. L'unité de formation "Concevoir, mettre en œuvre et évaluer un projet d'optimisation de la performance en ski nordique" (350 heures).
  2. Stage pédagogique en situation (140 heures).

YAN CHATELLARD • ENTRAÎNEUR DU CLUB DE SKI NORDIQUE MEGÈVE (HAUTE-SAVOIE)

« Le métier d'entraîneur de ski de fond est avant tout de l'éducation sportive et de la transmission auprès d'un public jeune qui va de 5 à 20 ans. Ce métier peut aussi s'élargir sur un public d'adultes. On leur apporte des conseils pour progresser techniquement et sur la diététique en leur présentant le côté sain du sport et du ski de fond, c'est-à-dire bien manger et bien s'hydrater. Je leur fournis également des astuces sur la préparation et l'entretien du matériel. Il est important de parler de la pratique sur neige et de tout ce qu'il y a autour. Sur une semaine, avec des enfants de moins de 15 ans, on intervient entre

FRÉDÉRIC JEAN • EX-ENTRAÎNEUR DE L'ÉQUIPE DE FRANCE DAMES DE BIATHLON

« Le biathlon a cette particularité d'être un sport combiné avec du ski de fond et du tir. On va demander à un athlète de passer de l'excitation totale à un état de concentration et de relâchement complet pour se focaliser sur le fait de bien viser et faire basculer les cinq cibles. Le rôle de l'entraîneur de biathlon est alors d'aider l'athlète à passer le plus rapidement possible d'un état à l'autre. Bien combiner ces éléments, c'est important pour faire d'un skieur un bon biathlète. C'est la grande difficulté de ce métier et sa particularité. Pour cela, il faut bien s'entendre dans le binôme formé avec le coach de tir ou le préparateur physique pour être en phase durant les entraînements et leur programmation. C'est-à-dire pour combiner de la meilleure façon ces deux univers. À cela vient s'ajouter une dimension mentale importante en plus de l'approche physique et de celle du tir. Être entraîneur, c'est sans cesse jongler entre le ski, le tir et le mental. »

NILS GOUY • ENTRAÎNEUR DU COMITÉ DAUPHINÉ DE SAUT À SKIS ET COMBINÉ NORDIQUE

« La particularité de la fonction d'entraîneur de combiné nordique et de saut spécial vient surtout du saut à skis qui est une discipline réclamant des qualités spécifiques qui sont l'engagement et la technique. En combiné, on allie deux sports, le ski de fond et le saut, aux caractéristiques différentes. En saut, on cherche des profils légers et explosifs alors qu'en ski de fond, cela sera plutôt des profils plus endurants. Nous essayons de former les jeunes assez tôt sur leur corps pour qu'ils se connaissent bien. C'est-à-dire qu'ils maîtrisent leur physique et leur esprit pour savoir se servir de l'ensemble de leurs capacités motrices. Notre volonté est qu'ils trouvent de bons repères pour qu'en grandissant, ils développent une meilleure technique et plus de physique. Il y a également un côté psychologique important. On se situe entre les parents et les professeurs. Nous sommes très proches de nos athlètes, entretenant un lien spécifique avec eux. »

trois et cinq séances avec les compétitions le week-end au cours de l'hiver. En France, les collèges aménagent des heures pour la pratique du ski de fond. C'est une chance de pouvoir avoir ces doubles projets sportifs et scolaires. Ce sont les entraîneurs de club qui vont chercher les enfants au collège et les entraînent.

Ce métier permet d'assurer un suivi sur plusieurs années. On accompagne les jeunes dans un parcours sportif qui peut les emmener plus tard sur un projet professionnel dans un métier lié à l'activité nordique. »

Bénévoles • moniteurs fédéraux

— Il existe trois niveaux de formations :
moniteur fédéral 1, moniteur fédéral 2 et entraîneur fédéral.

MF1 • ski de fond

- **Missions** : organiser, animer, accompagner et faire découvrir l'activité à un groupe de skieurs en toute sécurité dans le cadre des activités proposées par le club.
- **Formation** : six jours.

MF2 • ski de fond

- **Missions** : enseigner l'activité à un groupe de skieurs en toute sécurité dans le cadre des activités proposées par le club.
- **Formation** : six jours.

MF1 • biathlon

- **Formation** : MF1 – ski de fond et initiation biathlon à 10 mètres. Six jours (MF1 – ski de fond) et deux jours (initiation biathlon à 10 mètres).

MF2 • biathlon

- **Formation** : MF2 – ski de fond et initiation biathlon à 10 mètres. Six jours (MF2 – ski de fond) et trois jours (initiation biathlon).

La pratique loisir du biathlon tir à 50 mètres dans une structure fédérale nécessite l'encadrement d'un cadre titulaire du monitorat fédéral biathlon 2e degré ou du diplôme d'État ski nordique (ou équivalent).

MF1 • saut à ski / combiné nordique

- **Missions** : accompagner un moniteur fédéral 2e degré, un entraîneur fédéral ou un entraîneur professionnel dans l'organisation de la sécurité et de la surveillance des séances de saut à ski (HS 35 m max) et de ski de fond.
- **Formation** : six jours.

MF2 • saut à ski / combiné nordique

- **Missions** : enseigner les activités de saut à ski (HS 75 m max) et du ski de fond de combiné nordique.
- **Formation** : six jours.

Entraîneur fédéral (ski de fond • biathlon • saut • combiné nordique)

- **Missions :** organiser et entraîner à la pratique compétitive dans le cadre d'un club, ainsi que participer à la mise en place de compétitions.
- **Formation :** dix jours (être titulaire du certificat de prévention et secours civiques de niveau 1 ou d'un diplôme équivalent).
- **Module spécifique ski de fond :** développer l'efficacité technique du skieur en proposant des situations évolutives en patinage et en classique axées sur l'interaction des fondamentaux techniques.
- **Module spécifique biathlon :** permettre à la personne concernée de concevoir des séances d'entraînement spécifiques associant les deux activités ski et tir à 50 mètres.
- **Module spécifique saut / combiné nordique :** permettre aux sauteurs d'évoluer en toute sécurité sur tous types de tremplins (jusqu'au HS 125 m).

Coach « ski forme »

- **Missions :** mener un projet « ski forme » dans le cadre d'un club de la Fédération française de ski, planifier et mettre en place des séances spécifiques de prévention santé en ski et hors ski, accompagner les licenciés FFS dans une démarche de sport santé.
- **Prérequis :** être titulaire d'un diplôme de moniteur fédéral niveau 2 ou entraîneur fédéral dans une discipline de la Fédération.
- **Formation :** dix jours et réaliser un stage tutoré en structure labélisée avec production d'un mémoire (35 heures).

PATRICK GÉRARD

• MONITEUR ET ENTRAÎNEUR FÉDÉRAL UNION SPORTIVE VENTRON (VOSGES)

« Moniteur comme entraîneur fédéral, ce sont des fonctions qu'on exerce bénévolement. Nous passons un diplôme et tous les trois ans, nous effectuons un recyclage d'une demi-journée ou d'une journée. Nous encadrons les jeunes skieurs en moyenne une à deux fois par semaine. Ça dépend souvent de notre emploi du temps professionnel. On essaie au maximum de s'adapter. La fonction est assez simple. Il s'agit de s'occuper de recruter les jeunes et de leur apprendre et leur faire découvrir le ski de fond. On les accompagne aussi dans une pratique compétitive tout en restant dans une démarche ludique. Il s'agit de leur permettre d'accéder à toutes les glisses. Pour moi, c'est une fonction à laquelle on accède par passion. Souvent, ce sont des parents, ayant des enfants qui viennent au club, qui décident de s'impliquer et passent alors le diplôme de moniteur. »

Moniteur

MISSIONS

Encadrer des sorties en ski nordique et ses activités dérivées ; enseigner les bons gestes techniques à des publics variés, du jardin d'enfants aux adultes expérimentés ; collaborer au bon déroulement des événements sportifs ; mener actions et projets en sécurité dans l'ensemble du milieu montagnard enneigé en moyenne montagne sur des reliefs vallonnés excluant tout accident de terrain et en altitude sur des pistes préparées pour cette pratique, balisées et damées situées sur des reliefs identiques.

FORMATION

DIPLÔME D'ÉTAT DE SKI • MONITEUR NATIONAL DE SKI NORDIQUE & SES ACTIVITÉS DÉRIVÉES

Son obtention fait suite à une formation spécifique (deux cycles, dix unités de formation) qui se déroule dans l'ordre chronologique suivant :

- **premier cycle** (210 heures minimum) : quatre unités de formation, un stage pédagogique de sensibilisation (25 jours minimum) et une épreuve de certification de capacité technique.
- **second cycle** (cinq semaines) : six unités de formation, un stage pédagogique d'application (25 jours minimum) et trois unités de formation.

Les titulaires de ce diplôme sont soumis tous les six ans à un stage de recyclage organisé par l'École nationale des sports de montagne.

MARION MANEGLIA • ESF AUTRANS-MÉAUDRE (ISÈRE)

« Le contenu de ce qu'un moniteur réalise varie en fonction du public que tu gères. Entre des cours individuels ou collectifs, des scolaires ou des comités d'entreprise, il sera différent. Il faut être en mesure de s'adapter. La finalité n'est jamais la même. Cela peut être de faire découvrir l'activité comme d'apprendre à glisser mais, surtout, de faire progresser techniquement pour rendre chaque skieur autonome dans sa pratique. On enseigne le ski de fond classique et le skating. J'accompagne parfois sur des initiations de ski de randonnée nordique. Ce qui fonctionne, c'est l'enseignement du biathlon à 50 mètres et à 10 mètres. C'est une activité que les gens partagent en famille ou entre amis. L'apprentissage se réalise au travers de jeux essentiellement. Sur certains domaines nordiques, nous avons à notre disposition des espaces ludiques pour développer les déplacements. »

« Le ski de fond a changé mon histoire. »

D'un monde

Une seconde vie sur un autre chemin, la glisse pour trait d'union.

Enfant du ski alpin pure souche, Franck Piccard s'est intéressé au ski nordique quand le récit de la victoire de Jean-Paul Pierrat sur la Vasaloppet, la « Vasa » comme il le dit, est venu jusqu'à lui.

À l'école, quand les rêves se dessinent dans le blanc de la neige, il s'était laissé glisser, amusé, dans une trace, deux skis pointus aux pieds. Il a finalement choisi la pente et la vitesse pour s'exprimer et voyager. Champion olympique de Super-G en 1988, triple médaillé olympique, c'est en 1996, après avoir tiré le rideau sur vingt ans au plus haut niveau en ski alpin, qu'il a appris à (re)découvrir le ski de fond. Le skating, les sorties longues, les épreuves populaires, l'expérience du classique... Piccard le skieur alpin est devenu Franck le fondeur.

Une aventure au long cours dans l'expression la plus simple d'une vie, longtemps tirée au cordeau et battue par la recherche de la performance, pour quelque part réapprendre à prendre le temps.

à l'autre...

16

Quel est votre premier souvenir de ski de fond ? —

Cela date du collège. Le mercredi, nous avions sport et, en hiver, c'était le ski de fond à Beaufort (Savoie). Nous partions du foyer avec des skis classiques car le skating n'existait pas encore. Je me souviens de cette sensation d'aller vite sur des skis. C'était assez bluffant. Le ski de fond, à cette époque, je ne le connaissais pas du tout puisque j'avais grandi aux Saisies et ça peut paraître incongru aujourd'hui mais, au tout début, il n'y avait pas de ski de fond, ou très peu, aux Saisies qui étaient dévolues au ski alpin.

Que retenez-vous de cette première expérience ? —

C'était de la rigolade. Nous étions à la fin des années 1970 et, si dans les médias, on parlait de Jean-Paul Pierrat, de sa victoire à la Vasaloppet en 1978, le ski de fond n'était pas de notoriété publique. Avec mes yeux d'enfant, je voyais un truc d'évasion, quelque chose d'ancestral qui arrivait en France. J'ai vraiment adoré ce moment-là.

Le ski de fond s'est implanté tardivement aux Saisies. Est-ce ce manque d'alternative dans vos choix qui vous a poussé vers le ski alpin ? —

Mon papa était vraiment orienté ski alpin, de même que la station. Et puis, tout gamin, mes sensations en ski alpin étaient dingues donc je n'ai pas bifurqué vers autre chose. Je pense que la découverte du ski de fond m'a permis en revanche d'élargir un peu le spectre des autres sports. Je trouve que c'est à cette époque que j'ai commencé à apprécier de faire autre chose.

En 1992, aux Jeux d'Albertville, Franck Piccard remporte la médaille d'argent sur l'épreuve de descente en ski alpin. →

Comment avez-vous basculé dans la marmite du ski nordique ?

—

Tout d'abord le ras-le-bol. Quand j'ai arrêté ma carrière en 1996, je ressentais une fatigue extrême parce que j'avais passé quinze ou vingt ans de ma vie à chasser des centièmes de seconde et à chercher des sensations, c'est-à-dire à vivre sur le qui-vive en permanence et tout ça uniquement pour la performance. À un moment, j'ai éprouvé le besoin de reprendre le sport mais différemment. Je vivais aux Saisies et une fin de journée, je me suis dit « allez, je vais me détendre ». Je ne sais pas pourquoi mais j'ai pris une paire de skis de fond et je suis parti skier. Je me suis lancé avec du temps, de la patience et des yeux assez contemplatifs. Et là, ça a tout changé. Quand je suis revenu à la tombée de la nuit, j'ai trouvé que ce n'était finalement pas si mal et je savais que je reviendrai. Depuis ce jour, je ne peux plus m'en passer et je pratique avec avidité.

Quelle est l'émotion qui vous a traversé ce jour-là et qui vous porte encore aujourd'hui ?

—

Jusqu'à ce jour, j'étais vraiment dans la notion de performance et de vitesse. Le ski de fond a changé mon histoire. Qu'est-ce que j'ai découvert ? C'est un sport de glisse également, avec de l'équilibre et de l'inertie où tu joues avec le terrain. Et puis, sur une piste de ski de fond, tu es déconnecté du temps. Quand je pars, au bout de quelques minutes, je suis ailleurs. Mon cerveau s'échappe et m'échappe. Après un certain temps, je suis dans un geste, une sensation. Le moment qui suit, je suis dans une pensée. L'instant d'après, je me retrouve dans un mouvement de terrain qu'il faut gérer techniquement et tactiquement… Cet ensemble a fait que, ce jour-là, j'ai vécu un moment extraordinaire et que je continue de le vivre à chaque sortie. Des sensations inédites se sont ajoutées depuis. Au fur et à mesure, d'autres découvertes se font. Ce sont des domaines nordiques, des nouvelles pistes, des moments de partage ou des adversaires parce que je continue à faire quelques courses.

Quand vous évoquez le ski de fond, vous ne parlez pas de performance mais uniquement de sensations et d'émotions. Pourtant, pour beaucoup de pratiquants, c'est d'abord la notion d'effort qui prime.
—
L'effort, forcément, il est là au départ. Mais ce que je recherche, c'est vraiment un ensemble de sensations. J'ai passé vingt ans à chasser des centièmes de seconde en ski alpin. La technique, j'ai appris à la dompter ou en tout cas à la maîtriser. Assez rapidement, j'ai compris comment le ski de fond fonctionnait, même si je ne suis sûrement pas un modèle. En tout cas, cela me correspond. Je n'ai pas misé sur la technique pour me faire plaisir en ski de fond. J'ai surtout recherché les sensations que cela me procurait.

C'est-à-dire ?
—
À quelques amplitudes près, à quelques positionnements près… Le corps est en inertie au-dessus du ski. Et, à mes yeux, c'est une découverte qui me fascine. Je ressens un plaisir de glisse qui va au-delà de l'effort qu'il faut fournir.

Vous vous êtes tourné vers la longue distance, des efforts soutenus et intenses. Qu'êtes-vous allé chercher sur ces épreuves populaires ?
—
Tout simplement, je n'imaginais pas le ski de fond autrement. Ce dernier ne se rapporte pas à une notion de vitesse et de puissance ou d'instant. Cela relève plus du registre du ski alpin. Mon imaginaire de ski de fond, c'étaient les longues distances. C'était la Vasaloppet. C'étaient les marathons. C'était de passer des heures sur les skis et avec beaucoup de patience et d'humilité pour apprivoiser le geste et faire filer le temps. C'est pour ces raisons que je me suis engagé sur les longues distances.

Vous avez eu l'opportunité de rencontrer et de skier avec les membres de l'équipe de France de ski de fond. En tant qu'ancien athlète de haut niveau, que vous inspire leur trajectoire ?
—
C'est vrai aussi pour le ski alpin mais je suis impressionné par les capacités qu'ils ont justement. Quand je vois le chemin qui reste, qui me resterait à parcourir pour arriver à leur niveau, c'est éblouissant. Et c'est le même chemin quand tu débutes le ski alpin et que tu vois le top niveau. Quand je les regarde avec mes yeux de skieur alpin, je me dis qu'ils n'ont ni la reconnaissance du métier, ni celle des médias ou du public. Et pourtant, ils le font. J'ai compris plus tard la philosophie de ce sport. Peu importe ce que les autres pensent, chacun est dans la recherche d'une performance de soi pour arriver à être le meilleur.

Votre pratique tend également vers cette démarche. Si vous avez approché le ski de fond et la longue distance par le skating, vous vous êtes ensuite tourné vers le ski classique.

—

Le skating est un mouvement qui me rappelle évidemment le ski alpin, parce que c'est le même fonctionnement technique. Je me sentais très à l'aise avec ça. Vu que j'étais plutôt capable de maîtriser le geste, j'ai eu l'audace d'aller vers la compétition et de faire vraiment de la course parce que je n'aime pas faire les choses à moitié. Je suis donc allé chercher ce que je sais faire de mieux, sans vouloir être le premier mais simplement le meilleur de moi-même. Ensuite, j'ai commencé à me diriger vers le ski classique. Là, les Jurassiens m'ont dit : "Magnifique, tu vas aux racines du ski de fond." Et ça m'a rappelé mes racines à moi quand je skiais à Beaufort. Apprendre et comprendre ce geste, c'est un travail de tous les jours. Cela exige tellement d'humilité, tellement de passion que je n'en suis pour l'instant qu'à un très modeste niveau. Mais je commence à prendre du plaisir parce que c'est aussi une vraie communion avec le nordique.

Le ski de fond, c'est prendre le temps d'écouter ses sensations et de ressentir ce qui se passe autour de soi ou sous ses pieds ?

—

C'est se déconnecter du temps. En ski de fond, c'est ce qui m'a vraiment complètement abasourdi. En ski alpin, quand on ouvre le portillon, il ne faut surtout pas penser. C'est-à-dire que chaque chose arrive et on agit à l'instinct. Quand on descend, on est complètement focalisé sur sa descente. Cela dure deux minutes et si on sort de sa performance, on sort de sa course et c'est perdu. J'ai essayé de reproduire ce modèle au début en ski de fond, sauf qu'une sortie de ski de fond, cela représente deux ou trois heures. Au bout de deux minutes, on est obligé de penser. C'est ce qui m'a libéré : cela m'a conduit vers l'écriture, le partage et énormément d'autres choses parce qu'on ne peut pas être instinctif, donc on laisse sa pensée vagabonder comme elle le souhaite. C'est un mélange exceptionnel que je n'ai jamais connu en ski alpin. En ski de fond, tout s'ouvre et le fondement même de ce sport premier s'échappe parce que le chronomètre comme le temps s'est effacé. Et je trouve ça incroyable.

Que vous apporte le ski de fond ?

—

Le ski de fond m'a donné un rythme de vie qui est à la fois un défouloir, un maintien de niveau sportif, une réflexion philosophique… Je ne sais pas s'il y a d'autres sports aussi plaisants que ça. En tout cas, je n'en connais pas qui soient aussi merveilleux pour moi.

Quand vous étiez skieur alpin, en compétition, l'objectif était d'être le premier en bas. Aujourd'hui, est-ce que ce n'est pas de finir de la plus belle des façons ? —

C'est exactement ça. Je ne veux pas être un touriste parce que je suis là pour quelque chose. Je suis dans une démarche. Je me fixe un objectif pour l'atteindre et je mets tout en place pour y arriver. Mais ce à quoi je veux parvenir, c'est être capable de faire une performance mais en pleine connaissance de ce que je fais. C'est-à-dire sans m'abîmer, sans marcher sur personne, simplement de traverser ce moment pour pouvoir également le partager et le raconter ou le vivre à plusieurs. Dans les longues distances, il y a beaucoup d'échanges, de petits regards et paroles, de moments où on prend le temps malgré la compétition. J'adore ces instants-là.

Depuis les années 2010-2020, le ski de fond s'est ouvert au plus grand nombre. Peut-on dire qu'il s'est démocratisé ? —

On trouve de plus en plus de monde, c'est vrai, mais il y a surtout un nombre croissant de parents qui emmènent leurs enfants faire du ski de fond. C'est le cas depuis 2020 environ. Avant, ce n'était pas aussi visible. On voit des tout petits de 5 à 10 ans qui skient et je les encourage. En tant que parent, ce n'est pas évident de faire avec son enfant une boucle de cinq, six ou sept kilomètres.

On y passe un moment parce qu'il est fatigué, parce qu'il tombe, parce que ses skis ne retiennent pas, mais en même temps, il découvre le sens de l'effort et avec le plaisir de la glisse. Quand on les voit arriver au terme de leur boucle, ces enfants sont épanouis et j'en vois à chaque fois plus. Je trouve cela formidable que cette reconnaissance du ski de fond soit enfin là. ●

& demain ?

La transition des activités sur neige, tout le monde en parle et pourtant, elle est bien difficile à cadrer, tant les disparités sont nombreuses dans les territoires de montagne.

Mais revenons déjà sur la définition de la transition précisée comme suit par le Larousse, « un passage progressif entre deux états, deux situations ». Le point A, nous le connaissons : il neige, et les territoires de montagne organisent la pratique du ski de fond et des autres activités. Quant au point B, il reste en revanche assez flou, car encore une fois, tous les domaines nordiques ne sont pas confrontés de la même façon aux conséquences du réchauffement climatique. Ainsi, ce passage entre deux situations peut prendre quatre chemins, et même pour le cas des activités sur neige, s'étaler sur quatre saisons. Voici un second concept assez répandu mais tout aussi complexe, car une activité à l'année pour une station ou un domaine de montagne nécessite des services, des commerces, des hébergements, c'est-à-dire un savant mélange socio-économique.

Une fois dit cela, nous pouvons considérer la transition des activités nordiques selon une approche de diversification et d'ouverture aux périodes en dehors de l'hiver. Mais comme le dit Irène Alvarez, chercheuse au Centre de recherche sur les écosystèmes d'altitude - CREA Mont-Blanc -, « il est très difficile de prendre des mesures d'adaptation dont on ne peut prédire l'impact. Un des risques, c'est de travailler dans l'incertitude. Pour les humains, c'est compliqué ». Face à tant d'aléas, « la meilleure façon de prédire l'avenir serait de le créer », pour paraphraser Peter Drucker, théoricien américain du management.

⑰

Aujourd'hui, de nombreuses expérimentations sont testées, de petites graines sont semées afin d'anticiper la baisse de l'enneigement. Des moyens en ingénierie sont mis à disposition des territoires pour accélérer les démarches (c'est le cas par exemple au sein de l'association Nordic France, structure nationale qui fédère les domaines nordiques), créer des synergies et des dynamiques collectives afin que la transition des territoires constitue un sujet politique, mais aussi démocratique. Car la transition ne peut se faire sans les habitants. Le tourisme et les activités de pleine nature doivent plus que jamais s'articuler avec la vie des villes et villages de montagne.

Mais *in fine*, qu'importe la stratégie choisie. Qu'elle soit tournée vers le renforcement de l'offre neige ou l'accentuation d'une certaine diversification, tous les domaines nordiques n'auront pas l'opportunité ou les caractéristiques pour maintenir leurs espaces de pratique sur le long terme. Par conséquent, des domaines d'altitude capteront davantage de pratiquants, et des petits domaines n'auront plus les ressources financières et humaines pour rester attractifs. La transition, comme l'illustration de Lauriane Miara ci-contre, est aussi à interpréter sous de multiples facettes : il est possible de pratiquer, aujourd'hui et demain, le nordique par tous les temps, de s'évader de différentes façons, de s'adapter aux conditions. Le réchauffement climatique est tout sauf réjouissant, mais il restera indéniablement des moments grandioses pour prendre plaisir en montagne avec la neige.

La gouvernance, c'est-à-dire la manière dont les domaines nordiques et les structures associatives sont gérés, sera déterminante… Changer ou renoncer impliquera forcément des pertes et des bouleversements. Subie ou travaillée, la transition est présente et ne peut plus être écartée. Mais l'incertitude peut également ouvrir un certain champ des possibles afin que le point B soit plutôt synonyme de découverte et de construction plutôt que de peur et de renoncement. •

Léo Guilbert
Directeur de Nordic France

Crédits photographiques

Photographie de couverture et pages de gardes Monica Dalmasso • **Dans tous ses états** Monica Dalmasso (p. 2), DR (p. 4, 5, 6, 8), Knud Bergslien (p. 7), Miscellaneous Items in High Demand, PPOC, Library of Congress (p. 7), Presse Sports (p. 9), Nils Louna (p. 11) • **Le cœur des hommes** Agence Zoom (p. 12, 21, 23, 25), Presse Sports (p. 14), Coll. Jean-Pierre Beatrix (p. 14), Gaston Curien/Coll. YP Médias (p. 16, 19) • **La marche des Olympiques** Agence Zoom (p. 26), Bridgeman Images (p. 29, 30), Presse Sports (p. 31), Gaston Curien/Coll. YP Médias (p. 32), Aleksander Nordahl/NTB/Bridgeman Images (p. 33) • **Au bonheur des dames** NTB / Bridgeman Images (p.34), Gaston Curien/Coll. YP Médias (p. 37, 38), Agence Zoom (p. 39, 40-41) • **Fashionista** Underwood Archives/UIG/Bridgeman Images (p. 42), DR/Archives Municipales de Trondheim (p. 44), DR/Musée norvégien de la Mine (p. 44), Bridgeman Images (p. 44, 47), Henriksen & Steen/Bibliothèque Nationale de Norvège (p. 45), Photopress/Keystone/Bridgeman Images (p. 46, 48), Norbert Försterling/picture alliance via Getty Images (p. 49), Léo Guilbert (p. 49), Monica Dalmasso (p. 50), Bildbyran (p. 51) • **Ultra-fondus** Nils Louna (p. 52-53, 54, 55, p. 57 à p. 61), Benjamin Becker (p. 56) • **Dessine-moi un pas de tir** Nils Louna (p. 64 à p. 68), Lehashtag66 (p.69), Norman Lancelot (p.69) • **Le rêve d'Icare** Benjamin Becker (p. 70-71, 74), Nils Louna (p. 71, 72), Vincent Mercier/Pressesports (p. 72), Gérardmer Tourisme (p. 73) • **La France du nordique** Cédric Tempier (p. 76), Benjamin Becker (p. 78, 79, 80-81), Nils Louna (p. 79, 83, 95, 98, 99, 100-101, 102, 108, 109), François Laurens (p. 82, 84-85), Denis Bringard/Hemis (p. 89), Stéphane Meurisse/Tourisme Ariège Pyrénées (p. 86, 87), Étienne Garnier/Pressesports (p. 86), Tristan Vuano/Hemis (p.90-91, 93), Vincent Damarin/Hemis (p. 92), Paul Bréchu/Pressesports (p. 92), Coll. Xavier Poirot (p. 93), Pochat/pressesports (p. 94), Pierre Jacques/Hemis (p. 95), Monica Dalmasso (p. 96-97, 108-109), Franck Guiziou/Hemis (p. 99), Cédric Tempier (p. 103), Nordic France (p. 103), Nordic France (p. 104-105), Christian Martelet/Hemis (p. 106, 107), Coll. François Lesca (p. 110), Coll. Florine Tournier (p. 111), OT Sancy (p. 112-113) • **Terres sauvages** Marion Blanchard (p. 114-115, 118), Gilles Lansard/Hemis (p. 117), Nils Louna (p. 117), Raphaël Dupont (p. 120-121) • **Sur les bancs de l'école** Monica Dalmasso (p. 122-123, 128), Nils Louna (p. 125), Gérardmer Tourisme (p. 126), Agence Zoom (p. 127) • **Sous le signe du pluralisme** Vanrijn Rogier (p. 131), Matthieu Dupont (p. 132), Christian Martelet/Hemis (p. 133), Ben Becker (p. 133) • **Liberté, partage et contemplation** Coll. Marie (p. 134, 136), Coll. Clément (p. 137), Coll. Marco (p. 137), Coll. Johan (p. 138), Coll. Augustine (p. 138), Coll. Antoine (p. 139), Coll. Camille (p. 139), Coll. Maïlys (p. 140), Coll. Hervé (p. 141) • **À la verticale de l'été** NTP/Bridgeman Images (p. 142), Nordic France (p. 143), Norman Lancelot (p. 144), Nils Louna (p. 145) • **Les acteurs du quotidien** Nordic France (p. 146, 147, 148), Coll. Aurélien Mahaut (p. 146), Haute-Savoie Nordic (p. 146-147, 150-151), Coll. Charlin Lassale (p. 149), Coll. Yan Chatellard (p. 154), Nils Louna (p. 155, 158), Benoît Prato (p. 155, 159), Coll. Patrick Gérard (p. 157) • **D'un monde à l'autre** Fevre/Pressesports (p. 160, 162), Nils Louna (p. 161) • **& demain ?** Lauriane Miara (p. 166-167).

Nous tenons à remercier pour leur aide dans la réalisation de cet ouvrage : Kässbohrer France • Le Syndicat national des moniteurs du ski français • Atout France • Les Montagnes du Jura • L'Agence départementale de développement économique et touristique des Hautes-Alpes • France Montagnes • L'Agence des Pyrénées • Salomon • Thibaud Valette Assurances • Le Centre national de ski de fond et de moyenne montagne • Le collectif Massif des Vosges

Nous souhaitons également remercier tous les adhérents au réseau Nordic France pour le soutien au projet : Ariège Pyrénées Nordic • Pyrénées Catalanes Nordiques • Nordic Alpes du Sud • Les Stations de la Drôme • Nordic Isère • Savoie Nordic France • Haute-Savoie Nordic • Espace Nordique Jurassien • SIVU Hautes-Vosges • ADPSF Alsace • SMIBA et Montagnes Massif Central.
Ainsi que l'ensemble des domaines nordiques.

Conception graphique et mise en page Silence
Prépresse et fabrication Glénat Production (Grenoble)

Couvent Sainte-Cécile
37, rue Servan – 38000 Grenoble
www.glenat.com

Dépôt légal : novembre 2024
ISBN : 978-2-344-06501-3

Achevé d'imprimer en France en octobre 2024 par Sepec, 20137240501
sur papier provenant de forêts gérées de manière durable.

PEFC
10-31-3532